服裝製作
基礎事典 ②

2023暢銷增訂

contents

Part 1
前置工作

Part 2
關鍵縫紉技巧

A手縫針法

B縫份處理

C重點部份縫

contents

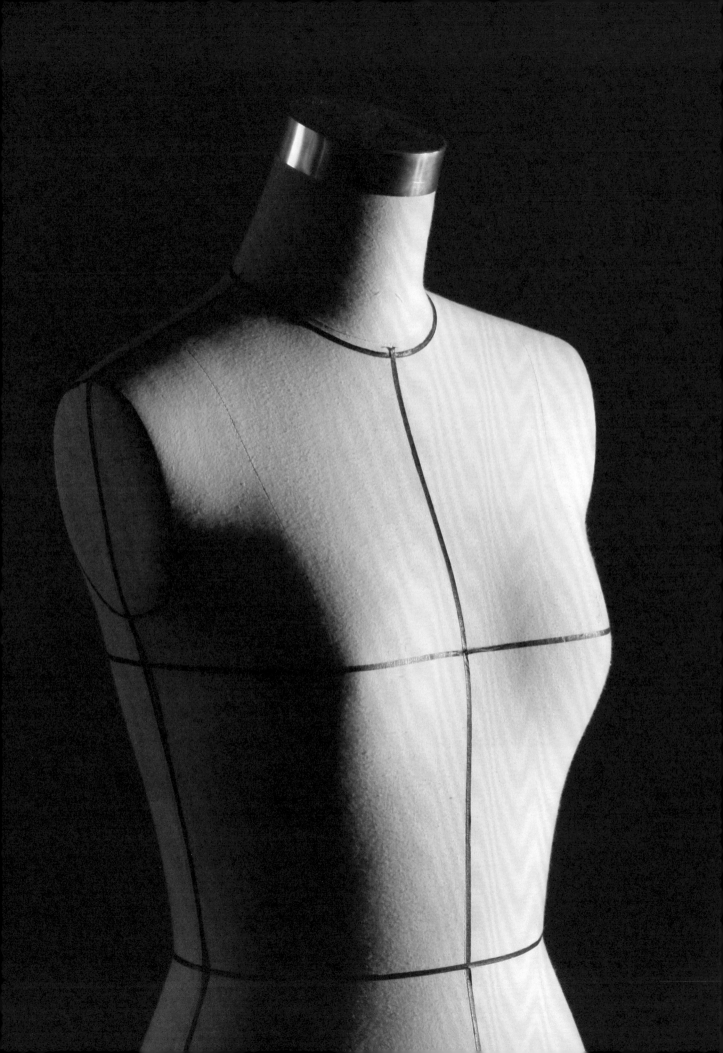

prologue

謝謝大家對第一冊《服裝製作基礎事典》的支持與建議，讓我有機會在第二冊時做些調整與修正，希望本書能幫助更多想學習服裝打版與製作的朋友，以循序漸進的方式完成自己的作品。

第二冊的內容主要以《服裝製作基礎事典》做延伸，讓看完第一冊的朋友可以學到更多的打版與製作技巧。當然，已經具備基本縫紉技巧的朋友也可以直接從本書著手，依照書中的步驟就能輕鬆完成製作。

能在這麼短的時間內將第二冊付梓，首先要感謝姜茂順老師的校稿與指導，也感謝心微老師的熱情贊助。在內容的製作上，要特別感謝愛玫、曉靜、宜靜、曼姿、玫萱、明慧、筱嵐、笠雯、丁洋、庭瑋、東育和玠瑋等同學熱心參與本書的製作，以及模特兒尹亭與曉雯辛勤的協助拍攝。有大家的幫忙才能讓本書順利出版。

最後再次感謝城邦出版社給我的專業協助，無論是內容的規劃、版面的編排和攝影的取景，都是本書能以最高品質呈現在讀者面前的關鍵，也希望帶給讀者最好的閱讀感受。

鄭淑玲

Part 1 / 前置工作

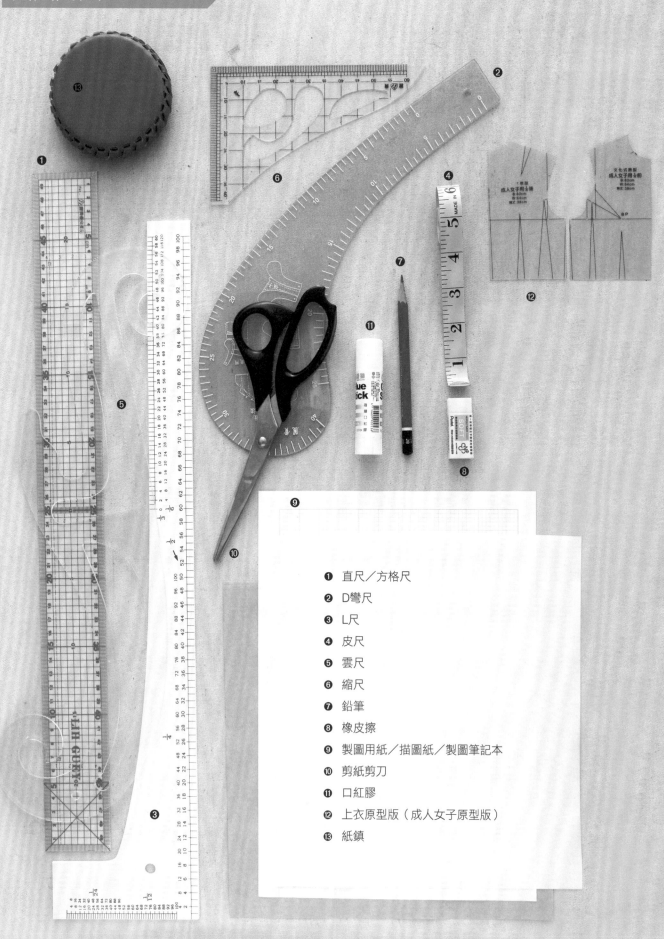

❶ 直尺／方格尺

❷ D彎尺

❸ L尺

❹ 皮尺

❺ 雲尺

❻ 縮尺

❼ 鉛筆

❽ 橡皮擦

❾ 製圖用紙／描圖紙／製圖筆記本

❿ 剪紙剪刀

⓫ 口紅膠

⓬ 上衣原型版（成人女子原型版）

⓭ 紙鎮

L尺使用說明

1下襬線

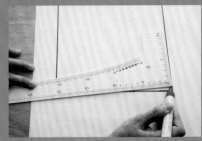

將L尺對齊脇邊線,畫至下襬寬約1/3處。

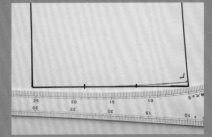

再將L尺內側弧線對合下襬,修順線條。

2腰圍線

將L尺對齊脇邊線,畫至腰圍線寬約1/3處。

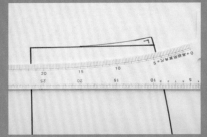

再將L尺內側弧線對合腰圍線,修順線條。

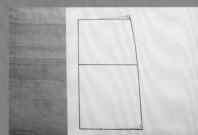

完成。

D彎尺使用說明

1褲襠線

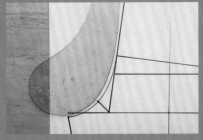

將D彎尺外圍弧線,對合褲襠線。

2後片領圍線

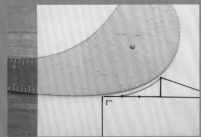

將D彎尺外圍弧線,對合領圍線。

3衣身袖襱

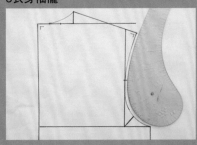

將D彎尺外圍弧線,對合袖襱線。

4袖子袖山

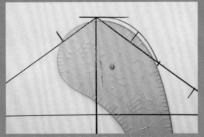

將D彎尺外圍弧線,對合袖山上線。

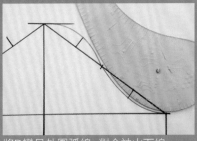

將D彎尺外圍弧線,對合袖山下線。

前置工作

製圖用具

縫紉用具

常備副料

快速看懂紙型

量身方法

服裝製作十大流程總覽

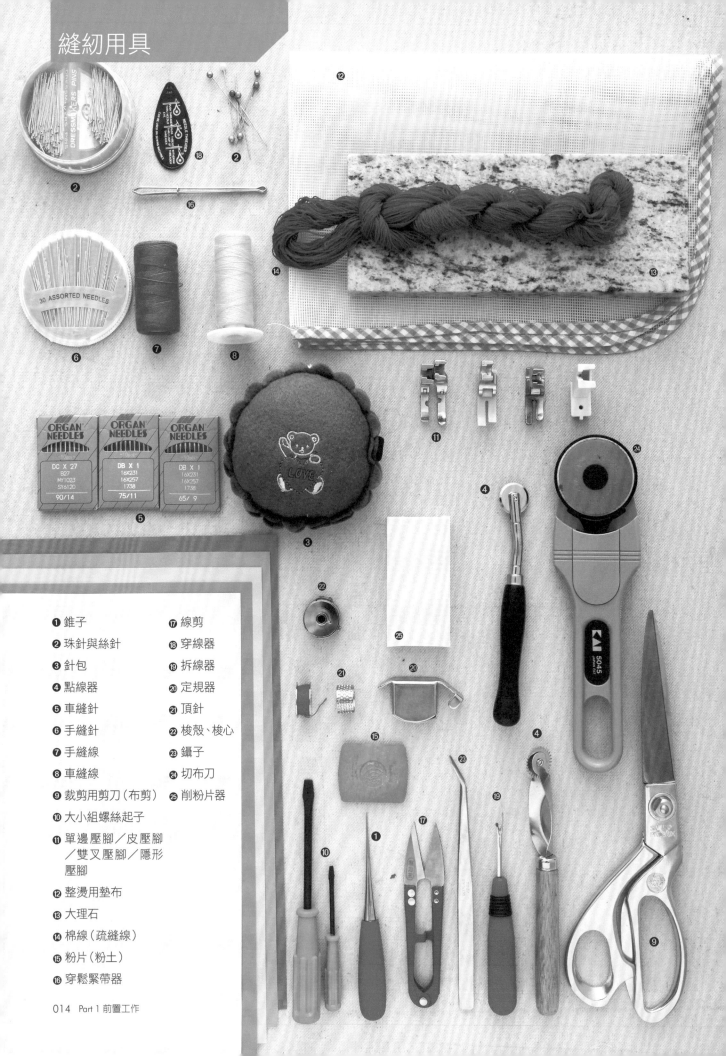

① 錐子

② 珠針與絲針

③ 針包

④ 點線器

⑤ 車縫針

⑥ 手縫針

⑦ 手縫線

⑧ 車縫線

⑨ 裁剪用剪刀（布剪）

⑩ 大小組螺絲起子

⑪ 單邊壓腳／皮壓腳
　　／雙叉壓腳／隱形
　　壓腳

⑫ 整燙用墊布

⑬ 大理石

⑭ 棉線（疏縫線）

⑮ 粉片（粉土）

⑯ 穿鬆緊帶器

⑰ 線剪

⑱ 穿線器

⑲ 拆線器

⑳ 定規器

㉑ 頂針

㉒ 梭殼、梭心

㉓ 鑷子

㉔ 切布刀

㉕ 削粉片器

❶ 胚布／布料

❷ 布襯

❸ 羅紋布

❹ 腰帶襯

❺ 牽條

❻ 裙勾

❼ 鈕釦

❽ 鬆緊帶

❾ 拉鍊

各部位名稱

簡稱	說明文字
B	胸圍Bust
UB	乳下圍Under Bust
W	腰圍Waist
H	臀圍Hip
MH	中腰圍Middle Hip
EL	肘線Elbow Line
KL	膝線Knee Line
BP	乳尖點Bust Point
FNP／BNP	頸圍前／後中心點Front /Back Neck Point
SNP	側頸點Side Neck Point
SP	肩點Shoulder Point
AH	袖襱Arm Hole

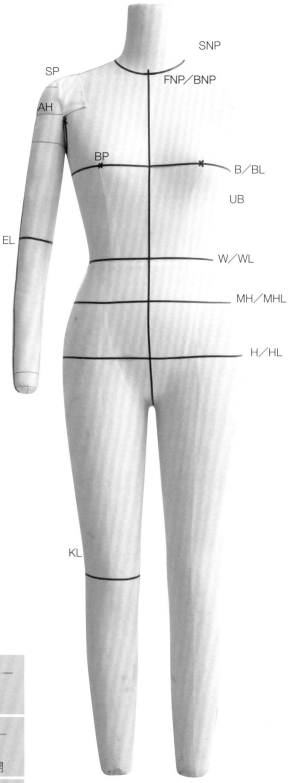

製圖符號說明

直角記號	直布紋記號	正斜紋記號	貼邊線
箱褶記號	紙型合併記號	折雙線	折疊剪開
伸燙記號	縮縫記號	縮燙記號	單褶記號
等分記號	順毛方向	襯布線	重疊交叉記號

裙褲紙型說明

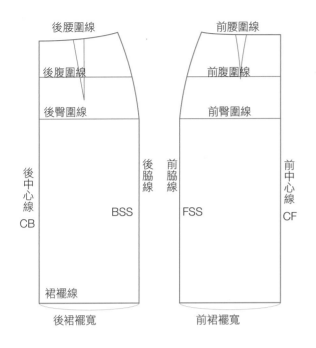

後腰圍線　前腰圍線
後腹圍線　前腹圍線
後臀圍線　前臀圍線
後脇線　前脇線
後中心線 CB　BSS　FSS　前中心線 CF
裙襬線
後裙襬寬　前裙襬寬

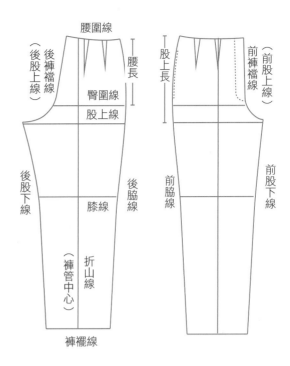

腰圍線
（後股上線）後褲襠線　腰長
臀圍線
股上線
（前股上線）前褲襠線　股上長
後脇線　前脇線
後股下線　前股下線
膝線
（褲管中心）折山線
褲襬線

上衣紙型說明

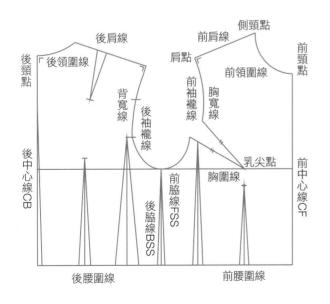

後肩線　前肩線　側頸點
後領圍線　肩點　前頸點
後頸點　前袖襠線　前領圍線
背寬線　胸寬線
後袖襠線
後中心線CB　前脇線FSS　乳尖點
後脇線BSS　胸圍線　前中心線CF
後腰圍線　前腰圍線

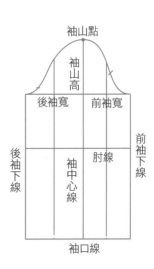

袖山點
袖山高
後袖寬　前袖寬
後袖下線　肘線　前袖下線
袖中心線
袖口線

量身方法

周圍量法

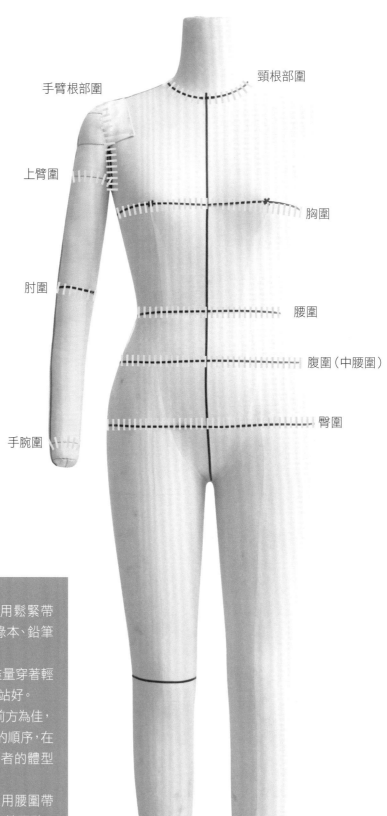

手臂根部圍

頸根部圍

上臂圍

胸圍

肘圍

腰圍

腹圍（中腰圍）

臀圍

手腕圍

- 量身前須準備腰圍帶（可用鬆緊帶代替）、標示帶、皮尺、記錄本、鉛筆等。
- 為求量身精確，受量者應盡量穿著輕薄合身的服裝，以自然姿勢站好。
- 量身者站立於受量者右斜前方為佳，並於量身前預估量身部位的順序，在量身時也要注意觀察受量者的體型特徵。
- 量身前先在被量身者身上用腰圍帶標出位置，再用標示帶點出前頸點、側頸點、後頸點、肩點、乳尖點、前腋點、後腋點、肘點、手腕點和腳踝點等位置。

寬度量法

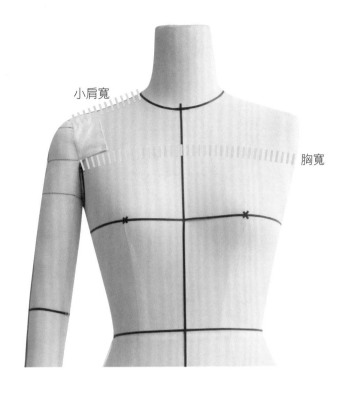

小肩寬

胸寬

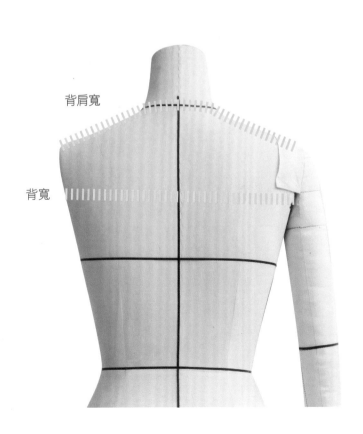

背肩寬

背寬

前置工作

製圖用具

縫紉用具

常備副料

快速看懂紙型

量身方法

服裝製作十大流程總覽

長度量法

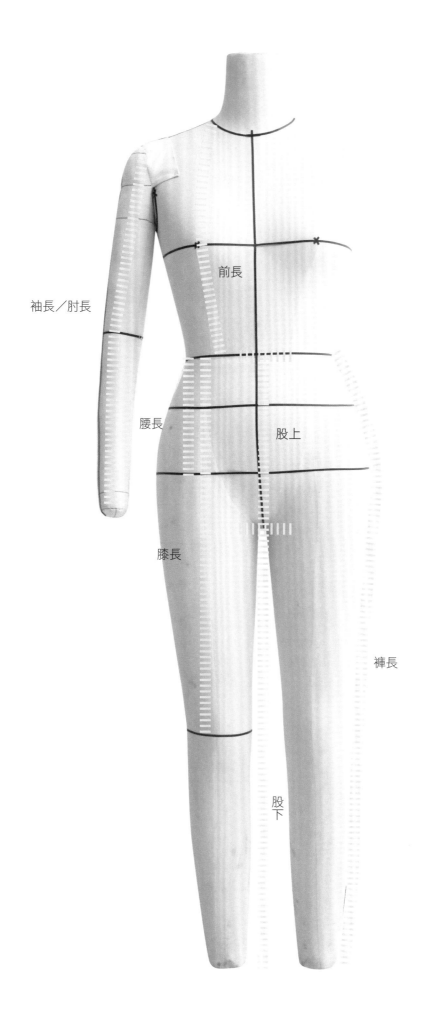

袖長／肘長

前長

腰長

股上

膝長

褲長

股下

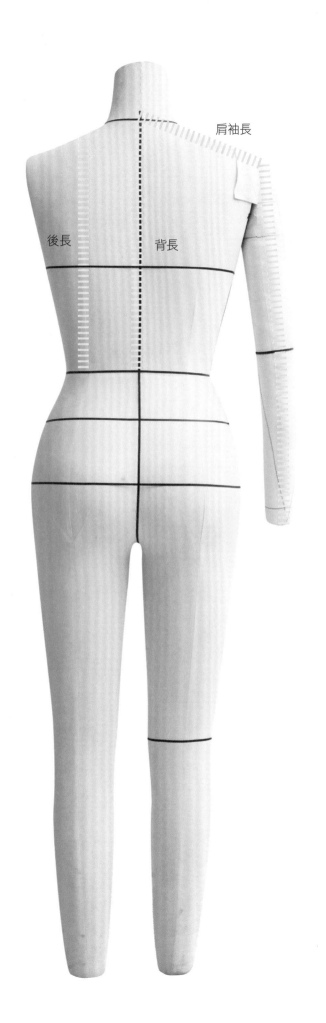

肩袖長

後長　　背長

前置工作

製圖用具

縫紉用具

常備副料

快速看懂紙型

量身方法

服裝製作十大流程總覽

服裝製作十大流程總覽

step 1
收集資料

針對對象或製作目的之需要，蒐集流行情報與市場資料，進行打版款式的分析與企畫相關內容。

step 2
確認款式

確認所要打版的服裝款式，繪製平面圖，應包括衣服正、反兩面，剪接線、裝飾線、釦子與口袋位置、領子、袖子等細節式樣。繪製的尺寸比例應力求精確，有利於後續打版流程的順利進行。

step 4
打版

根據平面圖與量身所得尺寸，將設計款式繪製成平面樣版；打版完的製圖稱為原始版或母版，應保留原始版以利之後版型的修正或檢視用。

step 3
量身

依照打版款式所需的各部位尺寸進行精確的量身工作。

step 5
分版

打版完成後要先分版，如窄裙分版有前片、後片和腰帶共三個版型，紙型上要確認各分版的名稱、紙型布紋方向、裁片數、拉鍊止點、褶子止點或對合記號位置，以及各部位縫份尺寸、拷克位置。

POINT | 彎曲線條如腰線、袖襱和領圍線縫份留1公分，直線如肩線脇邊可留1.5～2公分；下襬線則視線條決定不同尺寸，直線條縫份留約3～4公分，弧度大者縫份留少些約1.5～2.5公分即可。

step 6
胚衣製作和修版

正式製作前，先用胚布裁布車粗針（針距大一些）試穿，胚衣試穿的目的是檢視衣服的線條、寬鬆度及各部位的比例是否恰當，若發現有不理想的地方立即修正紙型。

step 7
排版裁布和做記號

用布量計算

打版完成後要計算該款式所使用的用布量，用布量的計算依款式、體型、和布幅寬而不同，款式越寬鬆，長度越長，所需的用布量就越多，體型豐滿比體型瘦小的用布量也會較多。一般購買布料的通用單位是一碼，一碼為3尺，1尺是30公分。

POINT | 買布時需要注意，單幅就是窄幅，織布寬較窄，雙幅就是寬幅，織布寬較寬；所以在購買同一款式的布料時，單幅所需的長度會比雙幅長。單幅（窄幅）：一般是指2尺4（72公分）、3尺（90公分）、3尺8（114公分）的布幅寬。雙幅（寬幅）：一般是指144公分以上的布幅寬。

布料縮水和整布

在裁剪布料前，應視布料種類來做縮水和整燙處理，一般需要縮水的布料為棉麻織品，將布料浸水後取出陰乾，不可烘乾或直接在大太陽底上曬乾；另外，熨燙的目的為整布，要使經緯紗垂直，布面平整不變型。

POINT | 熨燙布料的溫度依材質有所不同。棉麻織品以高溫熨燙，溫度為160～180℃。毛織品可先用噴霧方式將布料噴濕，隔空熨燙溫度約為150～160℃。絲織品可直接乾燙，不須縮水，溫度約為130～140℃。人造纖維品採用低溫熨燙，溫度約為120～130℃。

排版

排版時應注意對正紙型與布的布紋方向，以節省布料為原則，先排大片紙型，再於空檔處排入小片紙型。於有方向性圖案的布料上（如絨布）排版時，須注意圖案的連續性，不可將紙型倒置裁剪，並達到左右片對稱的要求。

裁布

裁剪前應先以石鎮或珠針將紙型和布固定住，再依照記號線準確的裁剪，避免歪斜而使上下兩片產生誤差。

step 8
燙襯

燙襯可增加布料的硬挺度並提高布料的耐用度，具有防止拉伸的定型功能；一般常見的有毛襯、麻襯、棉襯和化纖黏襯（洋裁襯），以上除化纖黏襯須使用熨燙固定外，其餘三種皆以手縫固定為主。通常用於領子、貼邊、口袋口、拉鍊兩側、袖口布和外套的前衣身等。

POINT | 燙襯的主要條件
　　　1.溫度
　　　2.時間
　　　3.壓力
　　　4.襯的粘性

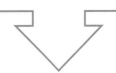

step 9
拷克

拷克的目的是防止毛邊並保持裁邊的完整性和方便車縫，通常拷克的位置為脇邊線、剪接線、肩線和須手縫的下襬線，而腰圍線、領圍線和袖襱線則不需要拷克。

POINT | 由於腰圍線的縫份會被腰帶或貼邊蓋住；領圍線的縫份會被領子或貼邊縫住；袖子袖襱線的縫份則是先和衣身車縫後再一起拷克，以減少厚度，因此這些部位不需要拷克。

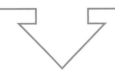

step 10
車縫

每件服裝款式不同，製作順序也會略有不同。本書於每件示範作品的「縫製sewing」頁面中，列出車縫的流程順序。

前置工作

製圖用具

縫紉用具

常備副料

快速看懂紙型

量身方法

服裝製作十大流程總覽

Part 2 / 關鍵縫紉技巧

A 手縫針法

此單元為細部分解的部份縫，採用府綢布和胚布製作，因不易分辨布料正反面，故請看圖片上的標記，以便縫製。

| 鎖鍊縫 |

針法運用

1 在有襯裡的裙子或洋裝上，鎖鍊縫的用途是在脇邊固定表裡布。

2 也可應用在洋裝或上衣腰圍脇邊處，可穿皮帶或繩線。

3 串成線環可當作線釦環，扣釦子。

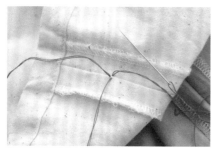
❶在表布下襬往上4～5公分脇邊處起針，拉成一個圈。

❷左手拉圈，右手拿針。針不能穿過線圈，左手只拉線。

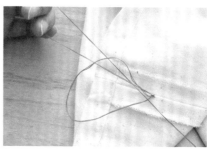
❸將小圓拉緊，重複數次。

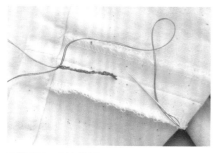
❹拉至4～5公分長。

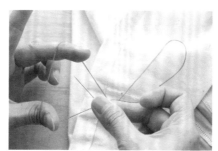
❺將針穿過過線圈。

❻拉緊就會打結。

❼對合裡布位置，縫在裡布脇邊上，打結後完成。

|貫穿止縫|

針法運用

又稱蟲縫,可應用於開叉止點上。

❶手縫線雙線打結,在開叉止點右邊0.25公分處起針(a點)。

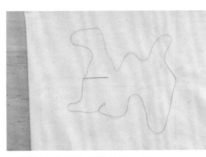

❷將雙線分開於手縫針的二側。

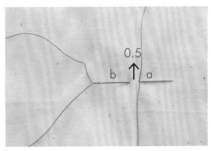

❸在開叉止點左邊0.25公分處下針(b點),再由a點出針,但勿將針拉出,露出一小段針即可。

❹將右邊線段繞圈套入手縫針上拉緊。

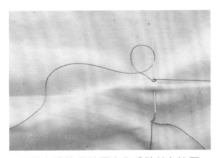

❺再將左邊線段繞圈套入手縫針上拉緊。

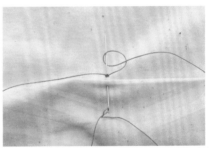

❻如此依序右左繞圈套入手縫針上,約0.6公分長(比蟲縫完成寬多1~2針)。

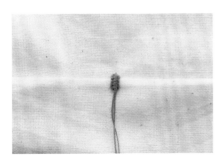

❼左手壓住蟲縫,右手將手手針拉出,再從b點下針至反面打結。

❽完成。

| 平眼釦縫 |

針法運用

釦眼的製作方式有線釦眼、布釦眼二種，依布料厚薄和釦子大小，又分平眼釦和鳳眼釦。一般款式和布料適用平眼釦，而外套布料較厚，釦子也較大，所以適合開鳳眼釦。本書介紹的基本手縫平眼釦，適用於裙子、褲子、襯衫和洋裝上。

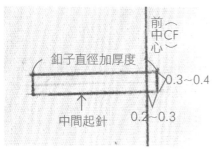

❶在衣服的釦洞位置上標出釦眼的長度和寬度。從釦眼中心位置，細針車縫一圈。（針距調1）

POINT | 釦眼位置是從中心線外0.2～0.3公分往內標示釦眼長度，釦眼長度是釦子直徑加厚度，釦眼寬度約0.3～0.4公分。

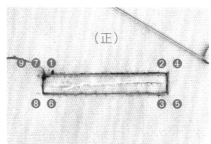

❷準備釦縫線，由1～9依序沿著車縫線縫在邊線上，再從中心剪開。

POINT | 釦縫線不打結，由1起針後留一線段，依序縫出邊線；剪開布面時，要上下等寬，不然會縫出上下不等寬的釦眼。

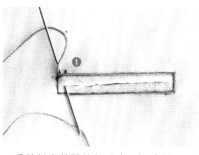

❸手縫針由剪開的釦眼中，由1出針。將手縫線逆時針繞手縫針一圈。

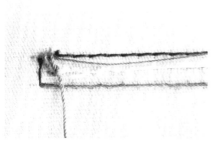

❹將手縫針往下拉出，在釦眼中心會產生一小顆結粒。

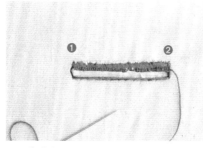

❺緊靠著上一針重複上一步驟，縫至2。

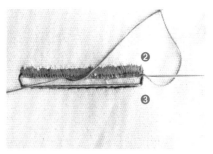

❻在2和3線段中重複同一動作約3針。

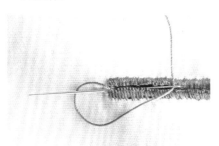

❼依序重複一樣動作，繞完釦眼一圈。

POINT | 所有小結粒都會在釦眼的中心位置，拉力要平均，下針出針都要細心，才能縫出上下等寬的釦眼縫線。

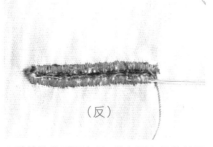

❽手縫針從反面出針，從布面上的縫線貫穿二至三圈後將線剪斷，不打結。

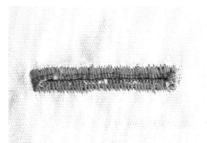

❾完成。

| 裙鉤 |

❶標示出裙鉤的位置，由腰帶正面起針。

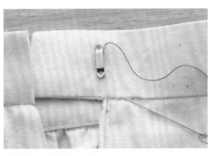

❷將裙鉤置起針處。

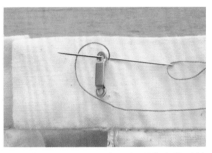

❸手縫針穿入裙鉤孔中，將手縫線繞手縫針一圈。

❹往外拉出手縫針，會產生小結粒，使小結粒環繞在裙鉤的外圍。

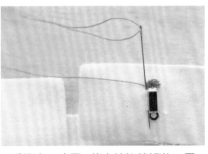

❺重複上一步驟，使小結粒繞裙鉤一圈，再由表裡腰帶中間往下面的裙鉤孔旁出針。

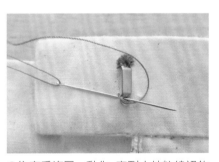

❻依序重複同一動作，直到小結粒繞裙鉤一圈。

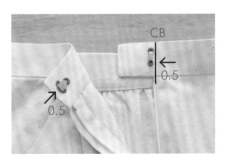

❼完成。

B 縫份處理

一般成衣最常見的內部縫份處理法是拷克，但有些材料不適合拷克（如雪紡紗），有些則是為求製作上的精細度（如高級訂製服），因此除了拷克外，亦有一些不同的縫份處理法，以下將一一介紹。

| 綑邊法 |

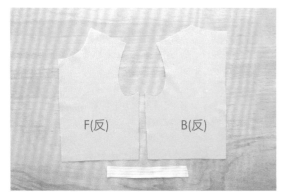

裁片

F前片X 1
B後片X 1
綑邊布X 1

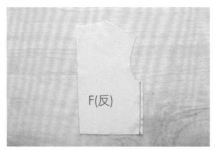

❶前後片正對正車縫脇邊完成線，脇邊縫份約留1.5～2公分。

❷綑邊布與縫份車縫0.5公分。

❸綑邊布折入，落磯車縫。

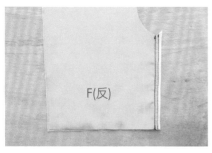

❹亦可將綑邊布折燙四等分，直接夾住脇邊縫份，壓0.1公分固定。成衣為求快速，多用此方法。

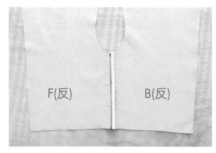

❺縫份倒向B片，完成。

| 端車縫 |

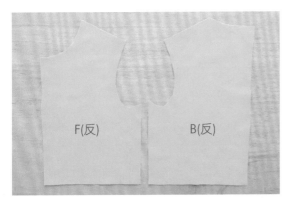

裁片

F前片X 1

B後片X 1

❶前後片正面對正面車完成線,縫份留
2~2.5公分。

❷縫份燙開。

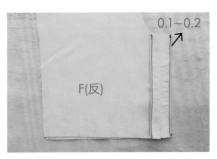

❸前後縫份折入0.5公分,車0.2公分。
POINT | 注意勿車到表布,表布正面不會有裝
飾線。

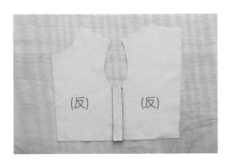

❹完成。

| 包邊法 |

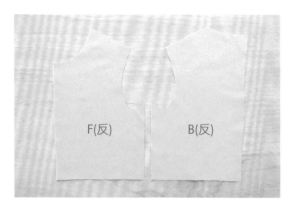

裁片

F前片X 1

B後片X 1

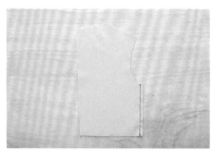

❶前後片正面對正面車縫完成線。

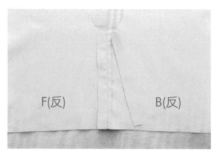

❷後片縫份修剩0.5～0.7公分，前片縫份寬1～1.5公分。
POINT 縫份寬度影響包邊的寬度和正面裝飾寬。

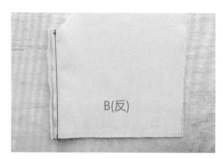

❸前片縫份包住後片縫份。

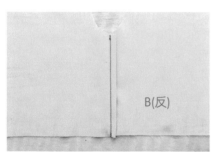

❹倒向後片假縫固定縫份後車縫。
POINT 正面會有一道0.5～0.7cm的裝飾線。

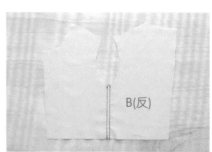

❺完成。（反面圖）

|袋縫|

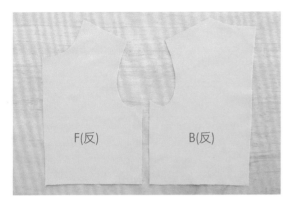

裁片
F前片X 1
B後片X 1

❶前後片反面對反面,車縫正面縫份
0.3～0.4公分。

POINT│脇邊縫份留1公分。

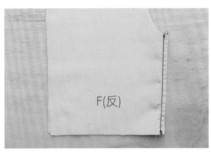

❷翻至反面,車縫完成線。

POINT│袋縫完成寬約0.5公分,注意不能車到
內部縫份,以免正面會看見外露的縫份。

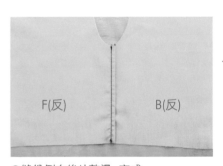

❸縫份倒向後片整燙,完成。

POINT│大多應用在透明的質料上。

此單元為細部分解的部份縫,採用府綢布和胚布製作,因不易分辨布料正反面,故請看圖片上的標記,以便縫製。

| 寬口袋 |

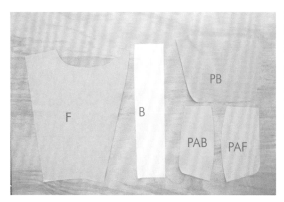

裁片

F前片×1
B後片×1
PB袋布B×1
PAF前片袋布A×1
PAB後片袋布A×1

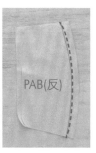

❶袋布B袋口縫份修掉0.2公分,袋布B與前片正面對正面,車縫袋布B完成線。
POINT | 袋布B袋口縫份修掉0.2公分,目的為讓車縫線退入袋口內,不外露。

❷袋口縫份剪牙口。
POINT | 彎曲度越大,牙口間距越小,牙口深度為完成線外0.2公分。

❸袋布B與縫份壓0.1公分裝飾線。

❹自前片正面和袋布B一起壓縫0.5公分裝飾線。

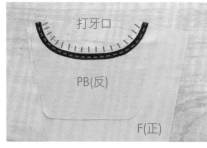

❺前後片的袋布A正對正對合脇邊線,車縫完成線。

❻縫份燙開,各自拷克。

❼前後袋布A與袋布B對合袋口記號點,再車縫袋布完成線。

❽袋布AB合拷。
POINT | 此處也可以使用袋縫縫法,更為美觀。

❾前片和後片車縫剪接完成線。

❿完成。

｜貼式口袋｜

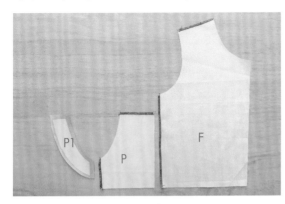

裁片
F前片×1
P口袋×1
P1口袋貼邊布×1

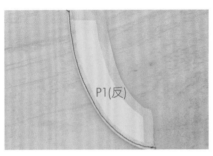

❶P1貼邊外緣線縫份折0.5公分，車0.2公分。

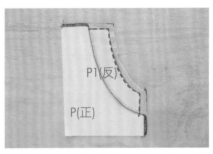

❷P1貼邊袋口縫份修掉0.2公分，與P口袋正面對正面，車縫P1貼邊完成線。

❸袋口縫份剪牙口，將貼邊布翻至正面，整燙後自P口袋正面車裝飾線0.1和0.5公分。

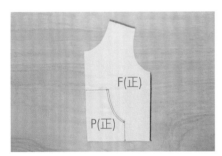

❹將P口袋置於前片口袋記號線上，假縫後再車縫固定。
POINT｜袋口勿車縫。

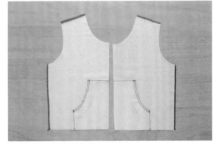

❺做完右片口袋，再做左片。

❻車縫前開拉鍊。
POINT｜此樣本直接車縫全開拉鍊，若為書中帽領背心一款，則還有羅紋下襬。

❼完成。

| 雙緄邊口袋 |

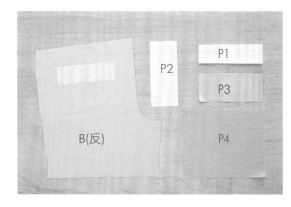

裁片

B後片×1
P1口袋口下片×1
P2口袋口上片×1
P3貼邊×1
P4袋布×1

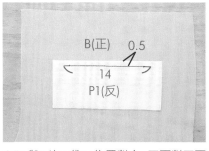

❶P1與B片口袋口位置對合，正面對正面車縫0.5公分。

POINT｜車縫口袋口長14公分，左右縫份不車。

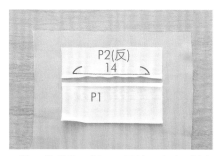

❷將P1縫份往下燙，P2置於P1上方，對齊後車縫縫份寬0.5公分。

POINT｜兩條平行線寬為口袋口完成寬1公分，即上下緄邊寬各0.5公分。

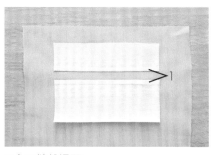

❸上下縫份燙開。

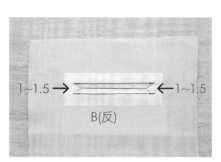

❹左右入1~1.5公分剪Y型。

POINT｜剪Y時，要剛好剪到口袋止點。若剪過頭，布面會破洞，未剪到止點，緄邊布會翻不過去。

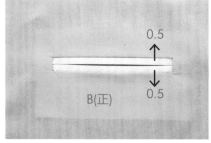

❺將上下緄邊布往袋口內翻入，燙出上下各0.5公分的緄邊寬，左右三角布也往內燙。

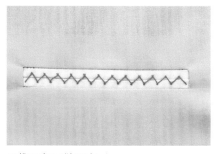

❻袋口交叉縫固定。

POINT｜交叉縫目的是固定上下緄邊布，避免開口笑。

❼將B片往上翻，車縫P1與縫份。

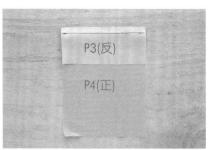

❽P3與P4正對正車縫完成線1公分。

❾縫份倒向P4壓0.1公分裝飾線。

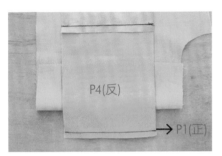

❿P4與P1正對正車縫1公分。

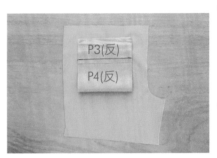

⓫將縫份倒向P4壓0.1公分裝飾線,P2上方縫份修剩下2公分。

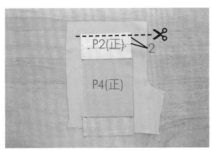

⓬將P3往上拉,與P2對齊。

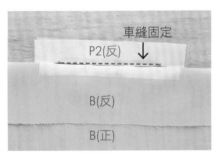

⓭B片往下翻,將P2、P3和縫份車縫固定。

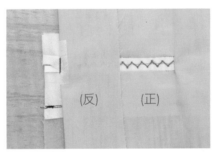

⓮B片車縫左邊三角布。

POINT 從袋口上方車至下方,即剪Y型的上下點。

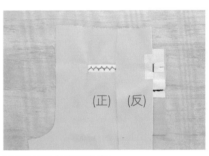

⓯B片車縫右邊三角布。

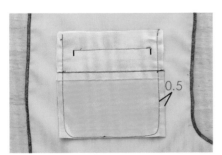

⓰車縫袋布0.5公分。

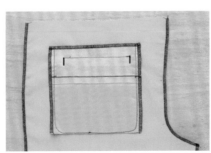

⓱袋布三邊拷克。

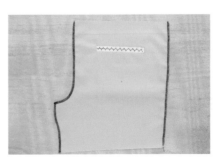

⓲完成。

| 貼邊式剪接口袋 |

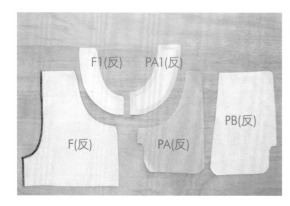

裁片

F前片×1

F1前片袋口貼邊×1

PA1袋布A貼邊×1

PA袋布A×1

PB袋布B×1

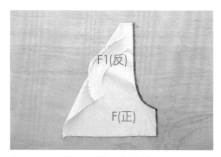

❶F1與F正對正車縫F1完成線。

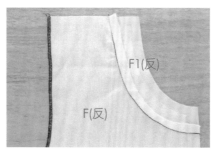

❷縫份倒向F1。

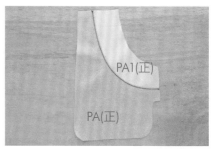

❸PA與PA1正對正車縫完成線，縫份倒向PA，壓0.1公分裝飾線。

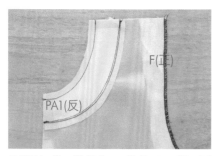

❹將PA1袋口縫份修0.2公分，PA1與F1正對正車縫PA1完成線。

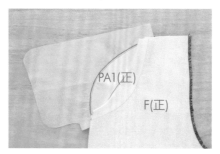

❺縫份剪牙口，縫份倒向PA1，壓0.1公分裝飾線。

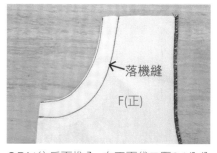

❻PA1往反面推入，自正面袋口壓0.1公分裝飾線，貼邊落機縫。

POINT 沿著正面貼邊縫線車縫，以便固定反面縫份，即為落機縫。

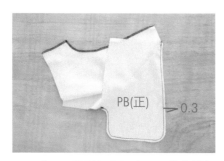

❼PB與PA反面對反面，車正面袋布縫份0.3公分。

❽袋布PB與PA翻至反面，在反面壓縫0.5公分。

POINT 此作法為袋縫，將縫份藏在車縫線內。

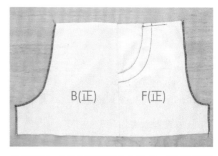

❾袋口上方固定袋布0.5公分，與後片車縫脇邊，即完成。

| 剪接式口袋 |

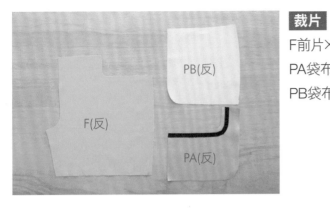

裁片
F前片×1

PA袋布A×1

PB袋布B×1

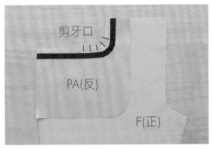

❶PA袋口縫份修0.2公分，PA和F正面對正面車縫完成線，縫份剪牙口。

❷袋口縫份倒向PA，PA壓0.1公分裝飾線。

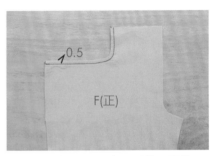

❸PA翻入前片反面，由正面袋口壓縫0.5公分。

❹PB和PA反面對反面，由正面車縫0.3公分。

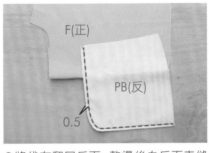

❺將袋布翻回反面，整燙後自反面車縫0.5公分。

POINT │ 縫份藏在接縫內，此作法為袋縫。

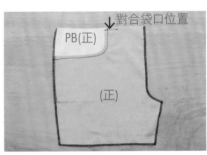

❻對合袋口位置，自腰圍線和脇邊線車縫固定袋布，完成。

｜國民領｜

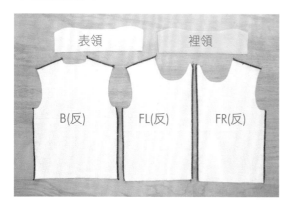

裁片

F前片×2
B後片×1
表領×1
裡領×1

❶裡領縫份修小0.2公分。
POINT｜使表領片大、裡領片小，車縫完成後使領子車線往內推。

❷表領和裡領正對正對齊領外緣，車縫裡領完成線。

❸縫份倒向表領，燙出表領完成線。

❹翻至正面，上端縫份倒向裡領壓0.1公分。
POINT｜正面看不見車縫線只壓裡領與縫份。

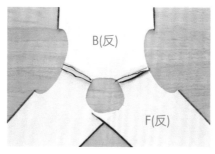

❺前後片肩線縫合，縫份燙開。

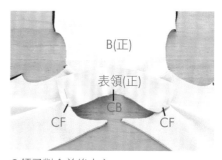

❻領子對合前後中心。

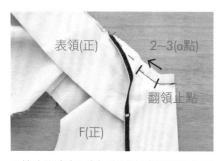

❼前片貼邊布反折，車縫完成線至翻領線上2～3公分（a點）。
POINT｜此段車縫固定貼邊布、表裡領和前片，共四層布。

❽左右貼邊自a點與表領車縫完成線。
POINT｜在a點剪牙口後，表裡領各自與貼邊和衣身車縫。

❾裡領自左右a點與衣身車縫完成線，縫份剪牙口，縫份倒向領子。

表領(正)

B(反)

❿表領縫份折入蓋住車線,單線斜針縫固定,或是自正面落機車縫固定表領。

⓫完成。

| 單層帽領 |

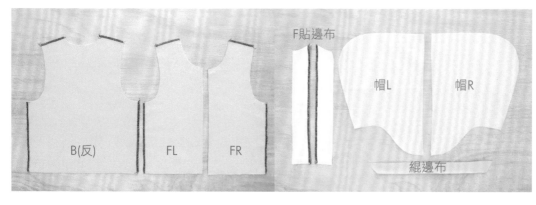

裁片
F前片×2
B後片×1
前貼邊×2
帽子×2
緄邊布×1

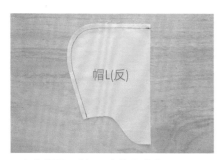

❶左右帽子正對正，車縫完成線。

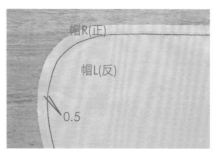

❷L帽縫份修剩0.5公分。

❸R帽縫份包住L帽，假縫固定。

❹自正面壓縫裝飾線0.5～0.7公分，固定背面縫份。

POINT｜縫份大包小壓縫，正面會有裝飾線，此縫法即為包邊縫。

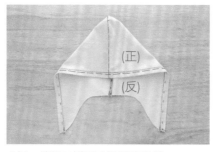

❺帽口縫份二折三層假縫後車縫。

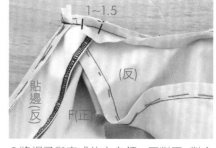

❻將帽子與完成的衣身領口正對正，對合完成線。前片貼邊往衣身正面反折蓋住帽子前端。在貼邊上放緄邊布，與貼邊重疊1～1.5公分。衣身、帽子、貼邊緄邊布四層假縫後車縫完成線，再剪牙口、修縫份。

POINT｜此步驟省略全開拉鍊部份縫，直接介紹帽子與衣身的車縫法。

❼車縫裝飾線固定衣身與緄邊布。

❽完成。

| 雙層帽領 |

雙層帽領裁片與單層相同,只是多了二塊裡帽,裡帽的帽口要扣除表帽口縫份折入後的份量。

❶裡帽左右兩片正對正車縫完成線,表帽左右兩片正對正車縫完成線,縫份燙開。

❷表裡帽正對正車縫帽口完成線。

❸縫份倒向裡帽,壓縫0.1公分。

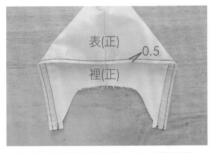

❹翻至正面整燙後壓縫0.5公分裝飾線。

❺將帽子翻至反面,在剪接線後端處將表裡帽縫份車縫0.5公分固定一小段,使表裡帽領不分開。

❻將帽子置於衣身上,上緄邊布。

POINT | 做法與單層帽相同,亦可不用緄邊做法,可直接將裡帽的縫份折入,包住領口縫份後,以手縫或車縫固定。

❼緄邊布假縫後車縫固定。

❽完成。

| 平領 |

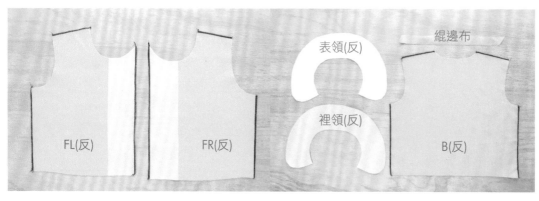

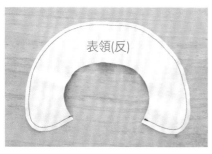

❶裡領外緣縫份修0.2公分，表裡領正對正，車縫裡領完成線。

POINT | 領子因縫份修小0.2公分，表領大、裡領小會膨起，目的為使車縫線往內推入，不外露。

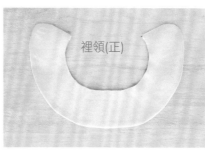

❷領外緣縫份修小後整燙翻至正面。（領外緣車縫線會推入裡領處，從表領正面看不見車線。）

❸前後片車縫肩線，縫份燙開。

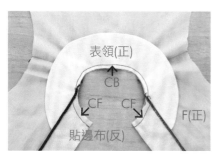

❹將領子置於衣身領口，表領朝上，對合前後中心和肩線，貼邊布往正面翻蓋住領子，車縫0.5～0.7公分（可先固定領子以便車縫）。

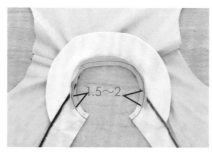

❺將緄邊布置於貼邊上，與貼邊布重疊1.5～2公分，假縫固定。自貼邊前中心車縫領口完成線，修縫份剪牙口。

POINT | 緄邊布折燙三等份，約車一等份0.8cm。

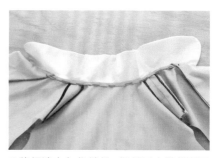

❻將緄邊布包住縫份，假縫固定縫份再壓裝飾線。

❼車縫前中心貼邊下襬。

❽縫份修剪。

POINT | 下襬與貼邊縫份重疊約1.5cm。

❾車縫前後脇邊，縫份燙開。

❿下襬二折三層車縫。

⓫完成。

| 立領 |

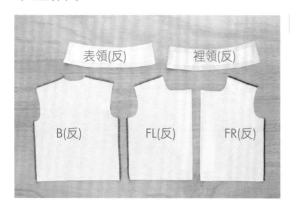

裁片

F前片×2
B後片×1
表領×1
裡領×1

❶將前片貼邊往正面反折，車縫下襬完成線，修縫份。

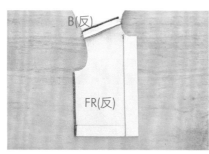

❷貼邊翻至反面，前後肩線縫合。

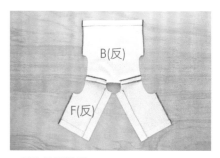

❸肩線縫份燙開。

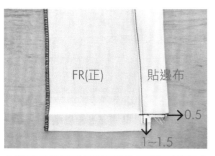

❹裡領縫份修0.2公分。

❺表領和裡領正對正，車縫裡領完成線。

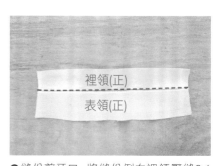

❻縫份剪牙口，將縫份倒向裡領壓縫0.1公分。

❼表裡領正對正，車縫兩側完成線。

❽領子翻至正面，表領與衣身領口正對正，車縫完成線後，修縫份、剪牙口。
POINT | 領子對合衣身前中心、後中心和肩線。

❾裡領蓋住縫份（縫份倒向領子），假縫後從正面落機車縫，即完成。
POINT | 裡領縫份也可用單線斜針縫固定。

| 後開叉 |

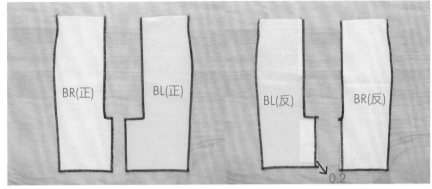

裁片

BL後左片×1

BR後右片×1

POINT | BL和BR開叉縫份處折0.5公分，車縫0.2公分（端車縫）。

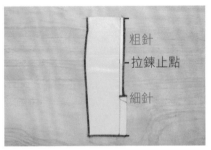

❶預燙開叉完成線，拉鍊止點以上車粗針，拉鍊止點以下至開叉止點車細針。

POINT | 拉鍊止點以上車拉鍊，所以止點以上先車粗針暫時固定。

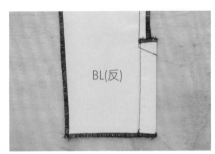

❷拉鍊止點下至叉口止點，斜向車縫至開叉疊份。

❸BR將開叉貼邊往正面折燙，車縫下襬完成線。BL將開叉疊份折45度角，車縫下襬縫份寬的兩倍。

❹修縫份。

❺翻至正面，BR下襬縫份呈直線，BL縫份呈45度角。

❻下襬縫份千鳥縫，完成。

暗門襟（門襟下襬未固定）

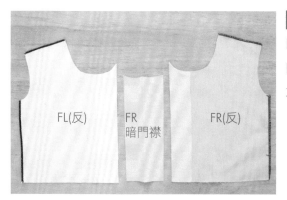

裁片

FL左前片×1
FR右前片×1
右暗門襟×1

❶前貼邊縫份先折燙完成線（預燙）。

❷前貼邊往正面折燙，車縫下襬。

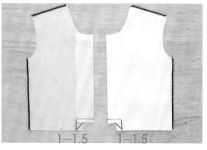

❸縫份修小。

❹翻至反面，整燙處理下襬縫份。

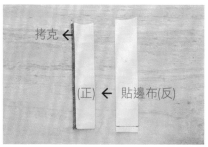

❺右暗門襟布正對正對折，車縫下襬完成線，翻至正面後合拷縫份。

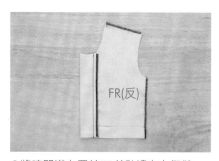

❻將暗門襟布置於FR前貼邊布上假縫。

❼從正面車縫裝飾線，固定暗門襟布。

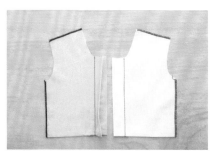

❽完成。

| 暗門襟（門襟下襬車縫固定）|

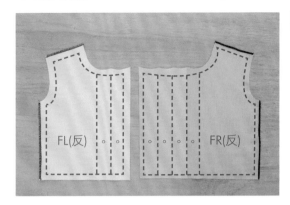

裁片

FL左前片×1

FR右前片×1

右暗門襟×1

❶折燙FL貼邊和FR暗門襟布完成線。

❷FR將暗門襟的貼邊線往正面折燙，車縫下襬完成線。FL將前貼邊線正面折燙，車縫下襬完成線。

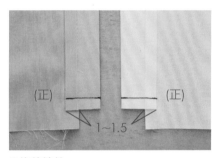

❸修剪縫份。

1~1.5

❹縫份往反面折燙，下襬二折三層車縫前門襟裝飾寬。

❺完成。

| 塔克製作 |

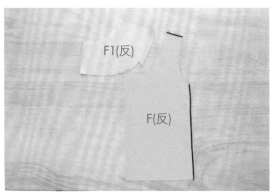

裁片

F前片×1

F1塔克剪接布×1

方法1

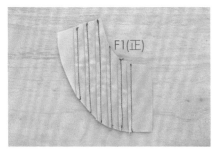

❶自F1正面折燙塔克後車縫，塔克倒向脇邊。

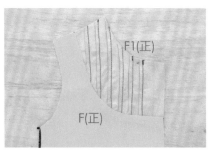

❷F1與F正對正車縫完成線。

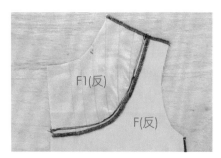

❸縫份合拷，倒向F片。

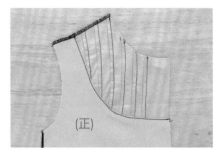

❹自正面壓縫0.1公分，即完成。

方法2

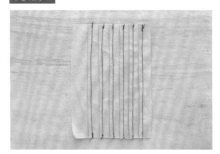

❶在粗裁的正布上先預車塔克。

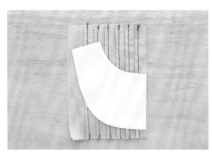

❷再將塔克紙型（即完成尺寸）置塔克上裁布。

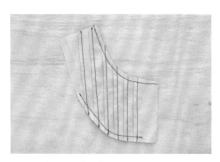

❸上下縫份車縫固定塔克。

| 後接鬆緊帶 |

裁片

拉鍊完成後的褲身×1

腰帶×1

鬆緊帶×1

❶腰帶和褲子腰線正對正對合前後中心與脇邊線，車縫完成線外0.1公分（預留腰帶襯的厚度）。

❷鬆緊帶與前片左右腰帶襯重疊0.5公分，車縫0.25公分（剛好車在脇邊的位置上）。

❸將鬆緊帶拉至與後腰帶同長，車縫鬆緊帶中央位置。

POINT | 此段拉力要平均，以免皺褶不均。

❹腰帶前端左右反折車I型，縫份折燙後修小再翻至正面。

❺裡腰帶縫份折入蓋住腰線縫份，假縫後，從正面落磯縫固定反面縫份。

❻完成

| 脇邊二側鬆緊帶 |

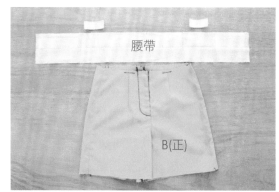

腰帶

B(正)

裁片

拉鍊完成後的褲身×1

腰帶×1

二側鬆緊帶×2

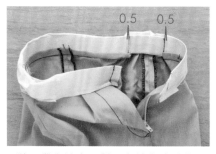

0.5　0.5

落機車縫

B(正)

❶將腰帶與褲身正對正車縫完成線外0.1公分,將二側鬆緊帶與腰帶襯重疊 0.5公分,車0.25公分,前端腰帶反折車I型,縫份修剪後再翻至正面。

POINT│縫製流程方法與後片接鬆緊帶相同,只是鬆緊帶在脇邊二側。

❷從正面落機車縫,固定反面縫份。

| 羅紋褲口接縫 |

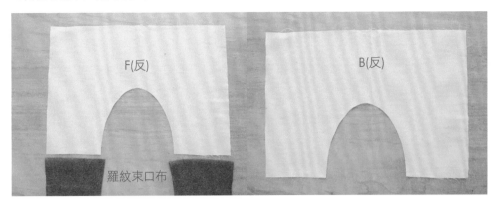

裁片

F前片×1

B後片×1

褲口羅紋×2

F(反)　B(反)

羅紋束口布

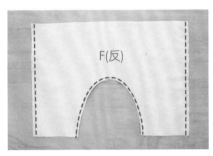

❶前後片正對正車縫脇邊和股下線。

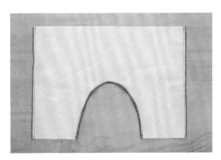

❷前後片縫份合拷。

POINT | 股下縫份約0.5～0.7公分，因弧度大所以縫份要少，避免牽吊，注意不可剪牙口。

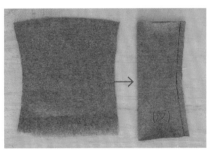

❸褲口羅紋布折雙正對正車縫完成線後合拷。

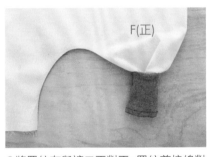

❹將羅紋布與褲口正對正，羅紋剪接線對合褲子股下線，拉著車縫一圈。

POINT | 注意拉力平均，避免皺褶不均。

❺褲子與羅紋一起合拷。

❻翻至正面。

❼完成。

│ 有裡布低腰裙 │

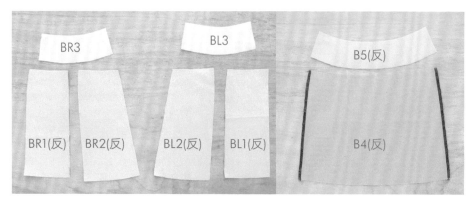

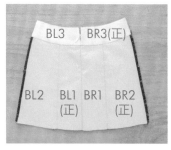

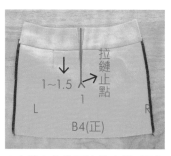

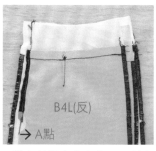

❶左右片剪接線縫合BL2+BL1，BR2+BR1。BL+BL3、BR+BR3縫合腰帶。後中心縫合隱形拉鍊。

POINT│隱形拉鍊製作請參考服裝製作（一）P.29。

❷B4+B5後片裡布縫合裡腰帶，縫份倒上。

❸自後中心剪至拉鍊止點，再往下1～1.5公分，寬度1公分，剪倒Y型。

❹將左片裡布後中心正面對齊左邊拉鍊，由A點往上車縫寬度0.5公分。

POINT│A點即剪倒Y的止點處。

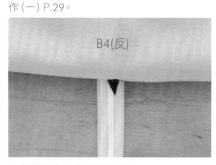

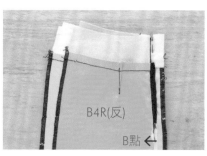

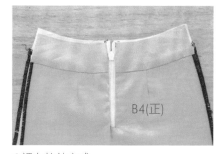

❺車縫裡布三角布與拉鍊。

POINT│注意只車拉鍊和三角布，不能車到表布。

❻將右片裡布另一面對齊右邊拉鍊，車縫0.5公分至B止點。

POINT│B點即剪倒Y的止點處，A和B點要同等高（可由B點往上車）。

❼裡布拉鍊完成。

POINT│裡布呈U型，另一種做法不剪倒Y型，車成V型，即車至拉鍊下方漸漸消失。

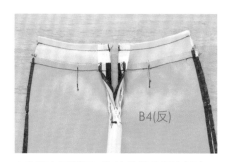

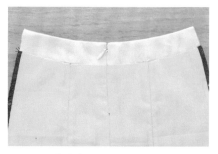

❽表裡布正對正，將拉鍊縫份倒向裡布，車縫腰帶上方完成線，縫份剪牙口，翻至正面。

❾縫份倒向裡腰布，壓0.1公分。

POINT│因後中有拉鍊，所以0.1公分壓縫車至不能車為止。

❿從正面落磯車縫，固定背面裡腰帶。

| 高腰貼邊處理 |

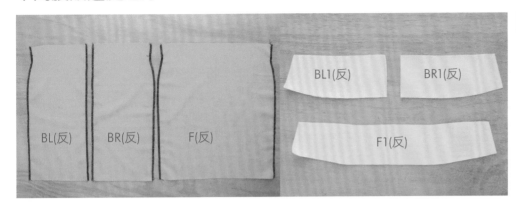

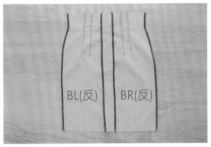

❶車縫左右後片。

❷後片車隱形拉鍊,前後片接縫脇邊。

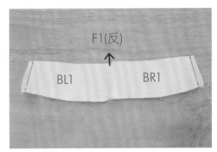

❸前後貼邊縫合脇邊線。

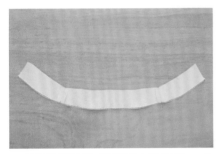

❹脇邊縫份燙開,貼邊下方縫份折0.5公分,車0.2公分。

❺貼邊與裙子正對正,對合拉鍊車縫貼邊與拉鍊縫份。

❻將拉鍊縫份往貼邊反折,車縫腰圍完成線。

❼縫份修剪、剪牙口,翻至正面,將縫份倒向貼邊,壓縫0.1公分。
POINT | 正面看不見車縫線。

❽將貼邊斜針縫固定在脇邊縫份上。
POINT | 斜針縫目的為不使貼邊翻起。

❾完成。

︱背心下襬束口羅紋︱

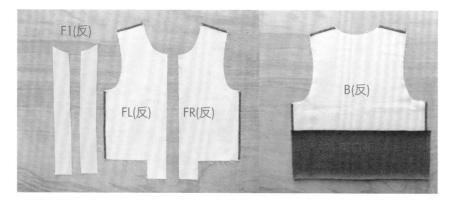

裁片

F前片×2

前片貼邊×2

B後片×1

下襬羅紋×1

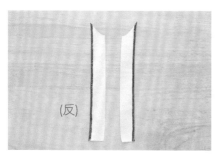

❶貼邊縫份折入，壓0.2公分（端車縫）。

❷車縫前片全開拉鍊與貼邊。（可參考 p.59做法）

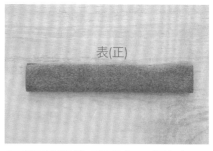

❸下襬羅紋對折，反面在內，正面在上。

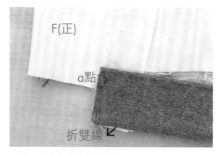

❹表羅紋布與前片正對正車縫至a點。

POINT｜注意折雙線向下。

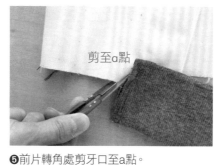

❺前片轉角處剪牙口至a點。

POINT｜只剪前片，羅紋不剪。此步驟應在縫紉機台上操作，車至a點，針插在布上抬高壓腳，剪牙口後再將羅紋轉向對合下襬線。

❻自a點車至b點，將羅紋布拉至與衣身下襬同寬後車縫。

POINT｜拉伸力道要平均，以免皺褶不均。

❼前片轉角度剪牙口至b點。

POINT｜只剪前片，羅紋不剪，與步驟❺相同。

❽由b點車縫至下襬。

❾縫份合拷。

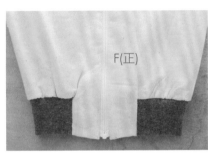

❿貼邊布蓋住羅紋縫份，手縫固定或由正面落磯車縫，固定反面貼邊布。

⓫前片正面完成。

⓬後片正面完成。

| 斜向前開拉鍊 |

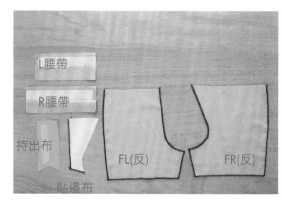

L腰帶
R腰帶
持出布
貼邊布
FL(反)　FR(反)

裁片

FL、FR前片×2
拉鍊持出布×1
拉鍊貼邊布×1
左右腰帶×2

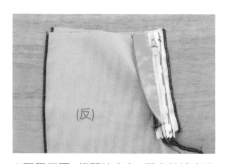

❶持出布折雙車縫下方完成線。翻至正面壓縫0.1公分，固定布面後拷克。拉鍊置持出布，車縫0.5公分固定。

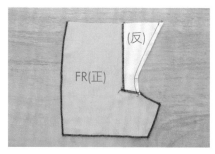

❷貼邊布縫份修0.2公分與FR正對正車縫貼邊完成線。

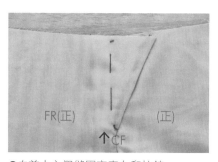

❸於拉鍊止點處剪牙口，縫份倒貼邊布車0.1公分裝飾線。

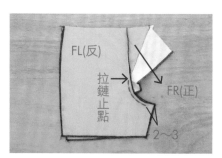

❹FL與FR正面對正面對合前中心，自拉鍊止點車至股下完成線上2～3公分。
POINT | 注意此線段不能車到貼邊布。

❺FL前中心將縫份推出0.3公分，持出布拉鍊置縫份下，假縫中心線車0.1公分，固定拉鍊。

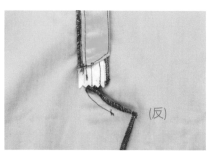

❻自前中心假縫固定表布和拉鍊。

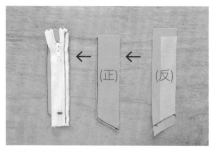

❼翻至正面，打開持出布，固定貼邊布與拉鍊，車縫約0.5cm。

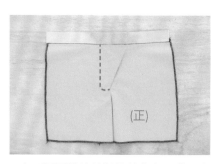

❽將持出布蓋住貼邊布。

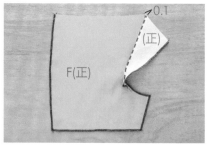

❾自正面壓縫拉鍊裝飾線後上腰帶即完成。
POINT | 如果正面沒有裝飾線，亦可在反面車縫或手縫固定貼邊布。

夾克式全開拉鍊

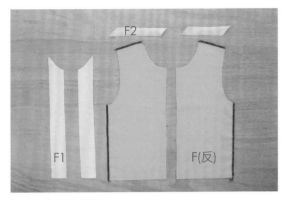

裁片

F前片×2
F1前拉鍊貼布×2
F2前領口緄邊×2

❶將拉鍊置於前片左右正面上,拉鍊反面朝上,左右要一樣高。

❷再將貼邊布置於拉鍊上,前片、拉鍊和貼邊布一起車縫完成線。

❸將領口緄邊布置於衣身領口上,前中心縫份往貼邊反折,車縫領口完成線外0.1公分。

POINT|此為前片部份縫,故先做領口緄邊,若為整件作品,應先車縫前後片肩線再一起緄邊。

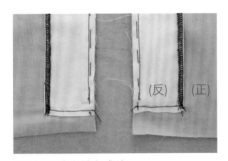

❹下襬貼邊車縫完成線。

❺將領口縫份剪牙口,貼邊布翻至反面,假縫緄邊布。

❻下襬縫份修小後,翻至正面壓縫下襬與前中心領口裝飾線。

❼完成。

| 拉克蘭袖剪接 |

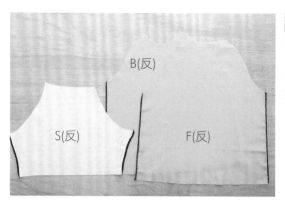

裁片

F前片×1
B後片×1
S袖子×1

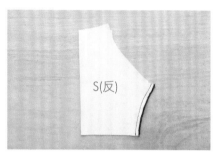

❶袖子折雙，車縫袖下線，縫份燙開。

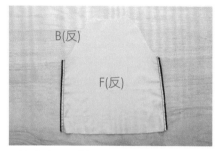

❷前後片正面對正面，車縫脇邊線，縫份燙開。

❸袖子與衣身正面對正面，對合袖下線與衣身脇邊線，車縫完成線。

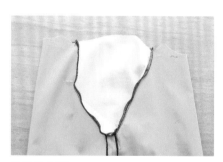

❹縫份合拷。

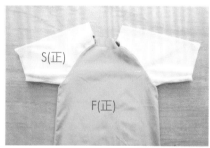

❺縫份倒向袖子。

❻袖口車縫鬆緊帶，衣身下襬折燙車縫即完成。

| 袖口活褶 |

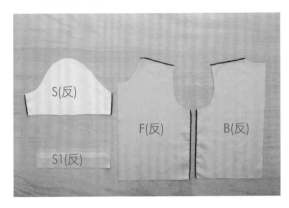

裁片

F前片×1

B後片×1

S袖子×1

S1袖子×1

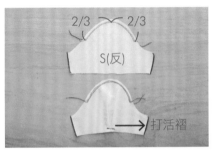

❶S袖山上車二道粗針,袖口活褶折燙,在完成線外0.1公分處將活褶車縫固定。

❷袖子對折車袖下完成線,縫份燙開。

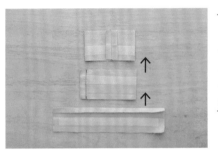

❸S1袖口布先預燙縫份。對折車縫完成線。縫份燙開。

❹袖子和袖口布正面對正面,對合袖下線後車縫完成線。

❺袖口布縫份折入,在袖口布正面落磯車縫,固定反面縫份。

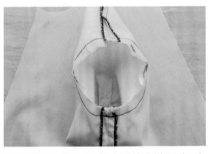

❻將袖子和衣身AH對合肩線和袖下線,車縫一圈。

POINT | 將袖山二道粗針拉出細褶份,拉至袖山長度與衣身AH同長。要先整燙細褶再接縫。

❼袖子縫份合拷,縫份倒向袖子。

❽完成。

泡袖（袖山與袖口有細褶份）

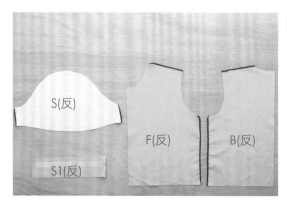

裁片

F前片×1
B後片×1
S袖子×1
S1袖子×1

❶F和B正面對正面車縫肩線和脇邊線，縫份燙開。

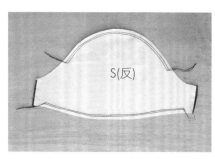

❷袖子在袖山和袖口完成線外0.2、0.5公分處車縫兩道粗針。

❸袖子折雙車縫袖下線，縫份燙開。

❹S1袖口布先預燙縫份。對折車縫完成線。縫份燙開。

❺袖口布與袖子正面對正面，車縫完成線。

POINT｜在袖口處拉二條下線，使之產生細褶，拉至與袖口布同等長後整燙縫份，使細褶份安定。

❻袖口布縫份折入，在袖口布上壓縫0.1公分，固定反面縫份。

POINT｜亦可在袖口布正面落機車縫，固定背面縫份。

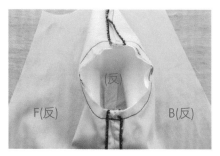

❼將袖子和衣身AH對合肩線和袖下線，車縫一圈。

POINT｜將袖山二道粗針拉出細褶份，拉至袖山長度與衣身AH同長。要先整燙細褶再接縫。

❽袖子縫份合拷，縫份倒向袖子。

❾完成。

｜反折袖扣布｜

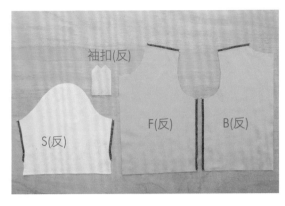

裁片
B後片×1
F前片×1
S袖子×1
S1袖扣布×1

❶前後片正面對正面，車縫肩線與脇邊線，縫份燙開。

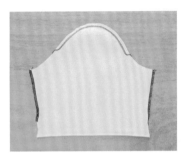

❷在袖山2/3處，完成線外0.2、0.5公分處車縫兩道粗針。
POINT｜亦可手縫，用棉線細針縮縫較美觀。

❸車縫袖下線，縫份燙開。

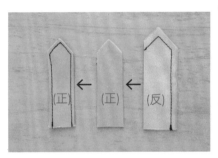

❹袖扣布折雙後車縫反面完成線，縫份修小翻至正面，自正面壓縫裝飾線0.2公分。

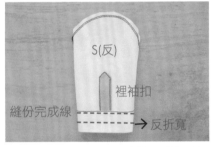

❺將裡袖扣布朝上，置反折袖口縫份內假縫一圈固定。

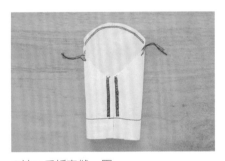

❻袖口反折車縫一圈。

❼將反折份整燙後，自袖下線正面壓落磯車縫，固定反折份。

❽袖山縮縫線拉至與衣身袖襱同長（可先在燙馬上整理縮份），袖子與衣身正對正，對合SP和脇邊線，車縫袖襱完成線。
POINT｜注意袖山不能產生細褶。

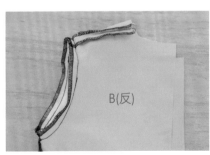

❾將縫份合拷一圈。

❿縫釦子，完成。

| 洋裝貼邊連裁 |

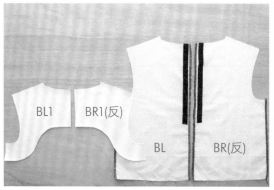 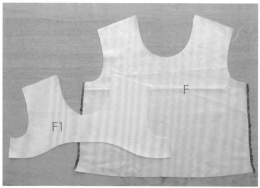

❶前後片正對正，車縫肩線。

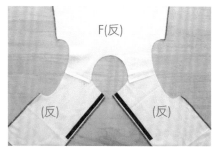

❷縫份燙開。

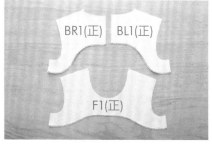

❸前後貼邊外緣線端車縫，折0.5公分，車0.2公分。

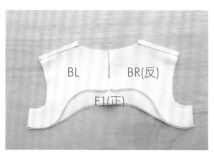

❹前後貼邊正對正車縫肩線。

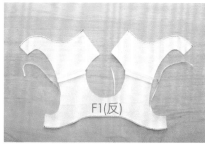

❺縫份燙開，領口、袖襱縫份修0.2公分。

POINT｜縫份修剪0.2公分，目的為使領口、袖襱車縫線推入不外露。

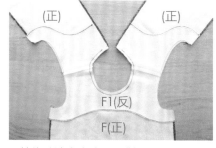

❻前後貼邊與衣身正面對正面，對合肩線和前後中心線，車縫貼邊領口、袖襱的完成線。

POINT｜貼邊會鼓起不平，是因為貼邊領圍和袖襱修0.2公分後比衣身小，所以對合後會鼓起，目的是使車線推入不外露。領口車縫至距後中心線2cm，為縫合隱形拉鍊的份量。

❼領口、袖襱縫份剪牙口，從後片左右抓出前片。

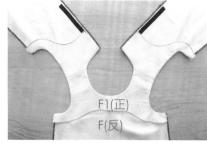

❽翻出後，整燙貼邊使領口、袖襱車縫線推入貼邊內。

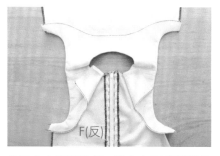

❾後中心翻開貼邊，後中心車縫隱形拉鍊。

POINT｜亦可先上隱形拉鍊再車貼邊布，但做法順序與此不同。

❿車縫貼邊後中心線固定於拉鍊上,將縫份折向貼邊,補車後中心領口線。

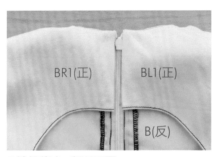

⓫縫份修小,翻至正面。

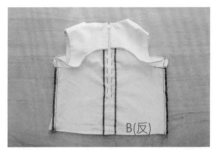

⓬前後片正對正,拉起貼邊布車縫脇邊線至下襬,縫份燙開。

⓭袖下貼邊縫份可手縫固定,車縫下襬,完成。

Part 3 / 裙子・打版與製作

- ・花苞裙
- ・高腰窄裙
- ・低腰多片裙
- ・寬口袋變化裙

花苞裙

Preview

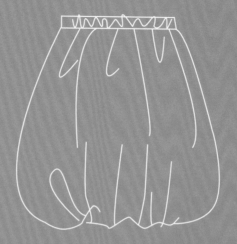

基本尺寸

腰圍—64 cm

臀圍—92 cm

腰長—19 cm

裙長—40 cm

版型重點

· 鬆緊帶

· 有裡布製作

❶ 確認款式

花苞裙。

❷ 量身

裙長、腰長、腰圍、臀圍。

❸ 打版

前後共版（前後共用同一紙型）、表版和裡版（表布和裡布的紙型）、腰帶。

❹ 補正紙型

· 確認前後中心線和腰線、下襬要垂直。

· 確認脇邊線和腰線、下襬要垂直。

❺ 整布

使經緯紗垂直，布面平整。

❻ 排版

布面折雙，先排前後片再排腰帶。

❼ 裁布

表布前片折雙×1、表布後片折雙×1、裡布前片折雙×1、裡布後片折雙×1、腰帶×1。

❽ 做記號

於完成線上做記號或作線釘（腰圍線、脇邊線、下襬線、腰帶、中心打牙口）。

❾ 燙襯

此款不用燙襯。

❿ 拷克機縫

此款因裡布下襬車合，不會看見內部縫份，所以不用拷克。

版型製圖步驟

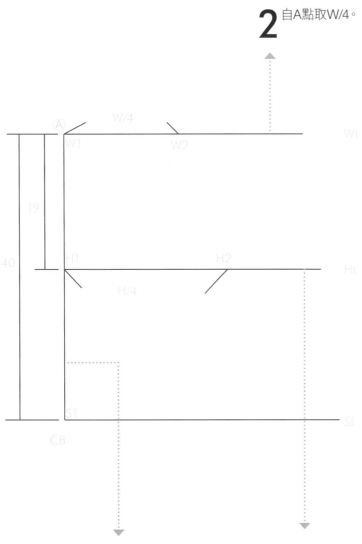

2 自A點取W/4。

5 自W2取15～20公分的鬆緊帶份量，由W3垂直畫至下襬。
POINT｜此份量加的越多，裙子就越蓬。

4 自S1往下取7公分。
POINT｜7公分為表布花苞往內蓬的份量。

1 自A點取裙長40公分和腰長19公分。
POINT｜裙長為完成尺寸，此款花苞裙表布會比完成尺寸長，裡布會比完成尺寸短。

3 在臀圍線上H1～H2取H/4。

9 自S1往上取7公分，畫垂直線取20～23公分至S7。
POINT｜往上7公分為表布花苞往內蓬所扣除的份量；20～23公分代表下襬整圈寬度是80～92公分，此為一步路所需的寬度。可依個人喜好決定寬度。

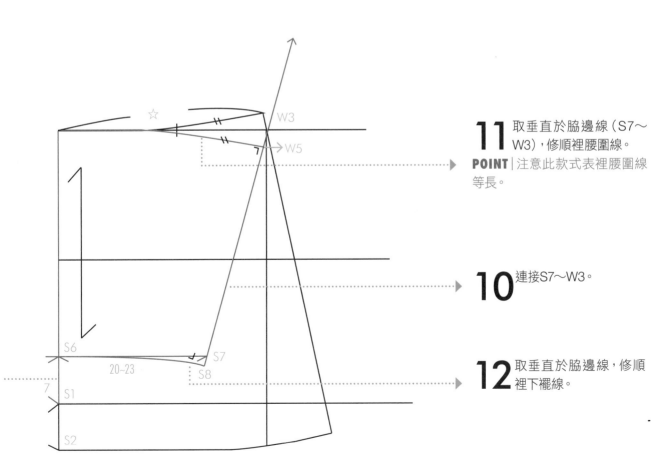

8 自W3順著脇邊線往上▲，再修順腰圍線。

POINT｜注意腰圍線和下襬線要和脇邊呈直角。

7 將W3和S4連接，下襬脇邊取直角至S3，脇邊會自然提高▲，再修順下襬。

6 自S2至S3分成三等份，一等份為△，由S3～S4取一等份△。

11 取垂直於脇邊線（S7～W3），修順裡腰圍線。

POINT｜注意此款式表裡腰圍線等長。

10 連接S7～W3。

12 取垂直於脇邊線，修順裡下襬線。

13 長度取☆長的四倍（☆為W/4+15~20），寬度取3.5公分（即鬆緊帶寬加厚度）。

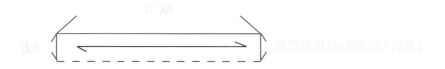

裁片縫份說明

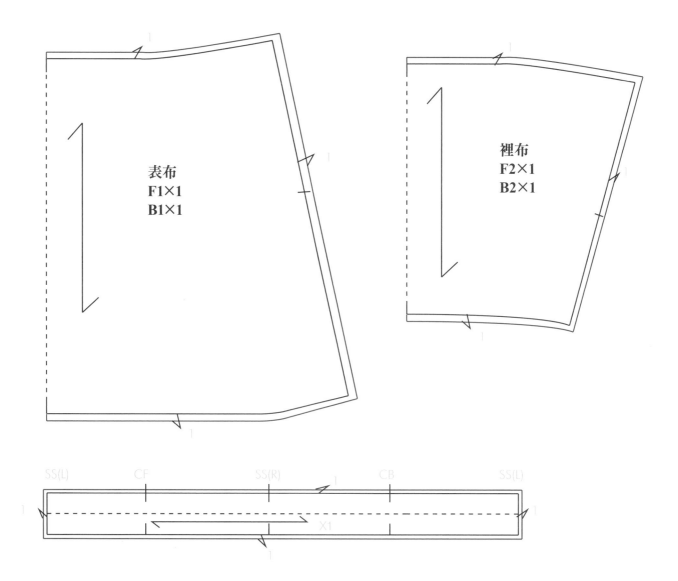

表布
F1×1
B1×1

裡布
F2×1
B2×1

SS(L)　　CF　　　　　SS(R)　　　CB　　　　SS(L)

X1

縫製 sewing

材料說明

正布
單幅用布：（裙長＋縫份）×3
雙幅用布：（裙長＋縫份）×1.5

裡布
單幅：裙長×2
雙幅：裙長
鬆緊帶約一碼

5

1.2

3.4

1. 車縫表布前後脇邊線，縫份燙開。

2. 車縫裡布前後脇邊線，縫份燙開。

3. 表布下襬抽細褶，拉至與裡布下襬同等長。
POINT ｜ 確認長度後，要先整燙細褶縫份。

4. 表裡布車縫下襬，縫份倒裡布壓0.1cm裝飾線。

5. 表裡腰線對合，車縫腰帶，上鬆緊帶，脇邊落磯車縫固定鬆緊帶。

花苞裙的蓬度可以在打版時自由調整。

鬆緊帶長度一般為腰圍尺寸減1～2吋，但仍可依個人穿著喜好鬆緊程度而加減尺寸。

高腰窄裙

Preview

基本尺寸

腰圍─64 cm
臀圍─90 cm
腰長─19 cm
裙長─65 cm

版型重點

・高腰
・後開叉
・後開隱形拉鍊

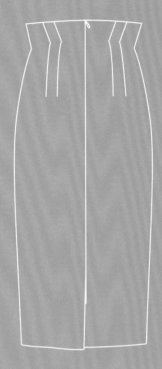

❶ 確認款式

高腰窄裙。

❷ 量身

裙長、腰長、腰圍、臀圍。

❸ 打版

後片、前片、高腰貼邊。

❹ 補正紙型

・合併前後高腰貼邊的褶子，
　並修順線條。
・前後片脇邊對合，確認腰線
　和下襬垂直。

❺ 整布

使經緯紗垂直，布面平整。

❻ 排版

布面折雙先排前後片再排高腰貼
邊。

❼ 裁布

前片折雙×1、後片×2、前高腰
貼邊折雙×1、後高腰貼邊×2。

❽ 做記號

於完成線上做記號或作線釘（腰
圍線、脇邊線、下襬線、褶子、
腰帶、中心打牙口）。

❾ 燙襯

高腰貼邊貼薄襯（定型）、隱形
拉鍊二側貼牽條。

❿ 拷克機縫

後中心、脇邊線、貼邊線。

版型製圖步驟

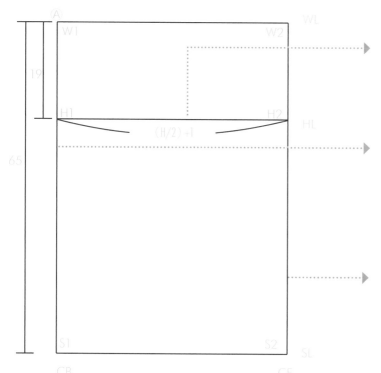

2 腰長W1～～H1＝19公分，垂直後中心畫WL、HL和SL。

1 標畫後中心線取裙長W1～S1＝65公分。

3 在HL取（H/2）＋1，往上畫至WL（W2），往下畫至SL（S2）。

POINT｜（H/2）＋1，即臀圍一整圈寬鬆份為2，鉛筆裙屬較合身的裙型，所以鬆份較少，如果採用彈性布，則不宜加入鬆份，反而要扣除多餘的份量，穿起來更貼身。

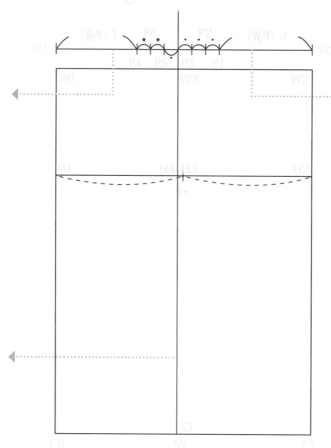

6 後中心W1～P4＝（W/4）－1＝15公分，後片脇邊W3～P5＝●，再將P4～P5均分二等份，一等份為★。

POINT｜（W/4）±1為前後差，●和★為前後片褶子的參考尺寸。腰圍和臀圍尺寸差越大，則●和★的尺寸也會越大；反之腰圍和臀圍尺寸差越小，則●和★的尺寸也會越小。

5 在腰圍線上方約5公分處，延長畫出前、後中心線和脇邊線的寬度。前中心W2～P1＝（W/4）＋1＝17公分，將P1～W3的距離均分三等份，一等份量為●。

4 將H1～H2均分二等份（H3），再往後中心移動1公分（前後差）（H4），畫出脇邊線。

POINT｜前後差的尺寸決定了脇邊線的位置，可依設計線而改變前後差尺寸。

8 弧線連接W5→W2，要垂直脇邊線和前中心線。

7 W3～W4＝●，在脇邊臀圍線H4～ H5取4公分，脇邊下襬S3～S4＝3公分，弧線連接W4→H5→S4，順著弧線往上畫超過WL約1～1.2公分，定W5。

POINT | W3～ W4＝●，從脇邊扣除腰臀差的份量一等份●，H4～H5＝4公分，是畫脇邊時的緩衝份量。

10 後中心W1下降0.5～1公分（W8），弧線連接W7→W8，要垂直脇邊線和後中心線。

POINT | 後中心下降0.5～1公分，即為人體腰圍線（WL）前高後低。

9 W3～W6＝●，在脇邊臀圍線H4～H5取4公分，脇邊下襬S3～S5＝3公分，弧線連接W6→H5→S5，順著弧線往上畫超過WL約1～1.2公分，定W7。

POINT | S3～S4＝S3～S5＝3公分，是減少下襬寬度尺寸，此段尺寸越大，裙襬越窄，所以需考慮到活動量，此款後中線利用後開叉來增加活動量。

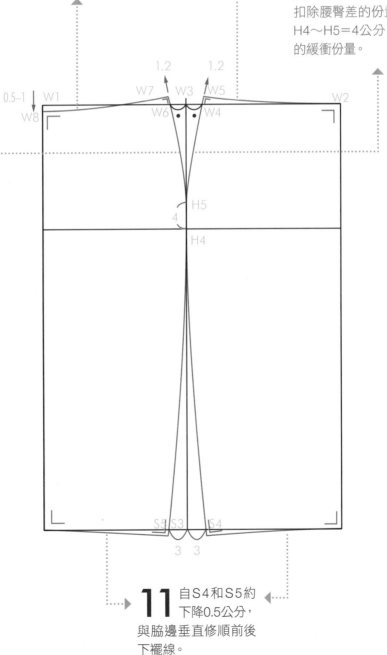

11 自S4和S5約下降0.5公分，與脇邊垂直修順前後下襬線。

15 W11（D9）～D10＝★，褶寬定中心D11，往下畫至臀圍線上5公分（D12），D12往脇邊0.5公分（D13），直線連接D9→D13，D10→D13。W12往左右取褶寬D14～D15＝★，H9往上6.5～7公分（D16），D16往脇邊0.5公分（D17），直線連接D14→D17，D15→D17。

POINT｜由於人體腹高臀低，所以褶子長度前短後長。因每個人的體型尺寸不同，所以窄裙打版後腰線所得的褶寬會不同。如果褶子的寬度大於3.5公分以上建議車二根褶，小於3公分以內車一根褶子也可以。

14 W9（D1）～D2＝●－0.5公分；W10（D5）～D6＝●＋0.5公分。將D1～D2、D5～D6褶寬均分一半（D3、D7），畫直線至MHL定D4和D8，直線連接二根褶寬。

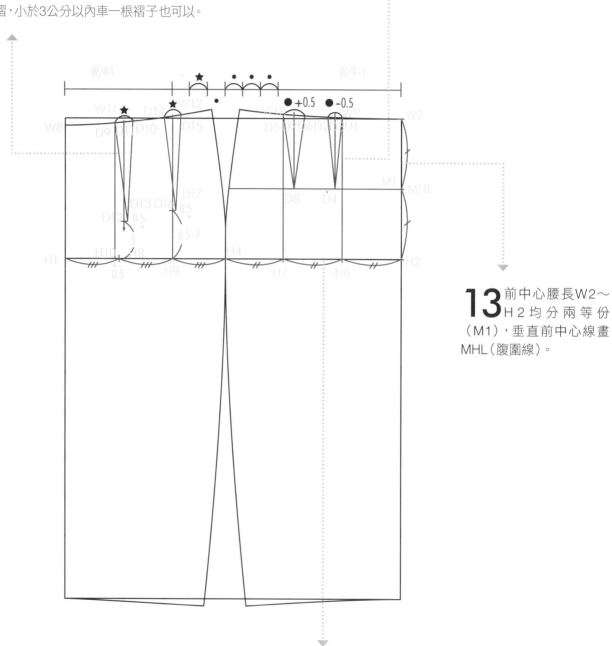

13 前中心腰長W2～H2均分兩等份（M1），垂直前中心線畫MHL（腹圍線）。

12 H2～H4均分三等份（H6、H7），H1～H4也均分三等份（H8、H9），自H8往左移動0.5公分（H10），垂直向上畫至腰圍線（W11），並於其餘等分處垂直向上畫至腰圍線，定點為W9、W10、W12。

POINT｜等份的目的是做為前後褶子位置的參考處，亦可依設計、體型不同而改變位置。

17 後中心W8～U4＝7～7.5公分，W7～U5＝5.5～6公分，U5往外0.3～0.5公分（U6），直線連接U6→W7，弧線連接U6→U4。

POINT ｜W2～U1和W8～U4是高腰的高度，可依設計決定尺寸大小。

16 前中心W2～U1＝7公分，W5～U2＝5.5～6公分，U2往外0.3～0.5公分（U3），直線連接U3→W5，弧線連接U3→U1。

POINT ｜高腰線條與協邊和前中心線要垂直。

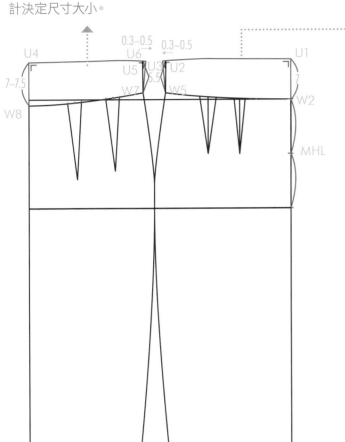

18 由褶子D1、D2、D6、D5、D9、D10、D14、D15垂直往上畫至高腰線，再由褶寬向內0.2～0.3公分，直線連接K1→D1、K2→D2、K3→D6、K4→D5、K5→D9、K6→D10、K7→D14、K8→D15。

POINT ｜各褶寬向內0.2～0.3公分，是因為高腰處的圍度比中腰的圍度大，所以需要放出不足的份量；放出的份量與體型有關，直筒體型放出的份量較少，反之腰間曲線較大者，褶子放出的份量就較多。

19 後中心線HL（H1）下1公分，即為拉鍊止點（Z1）。

20 S1往上25公分（Y1），Y1～Y2＝3～4公分，垂直畫出開叉疊份。

POINT ｜S1～Y1為開叉高度，裙長越長，下襬越窄，開叉高度會越高；可依設計決定高度。

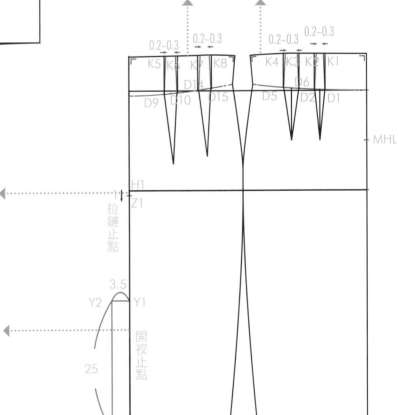

修版

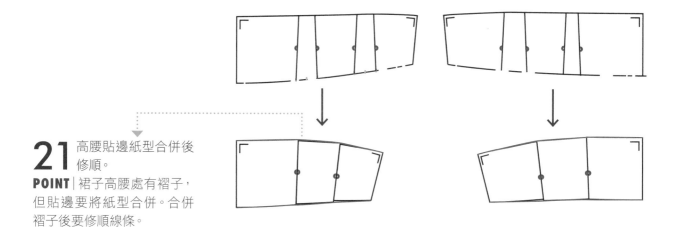

21 高腰貼邊紙型合併後修順。

POINT | 裙子高腰處有褶子，但貼邊要將紙型合併。合併褶子後要修順線條。

裁片縫份說明

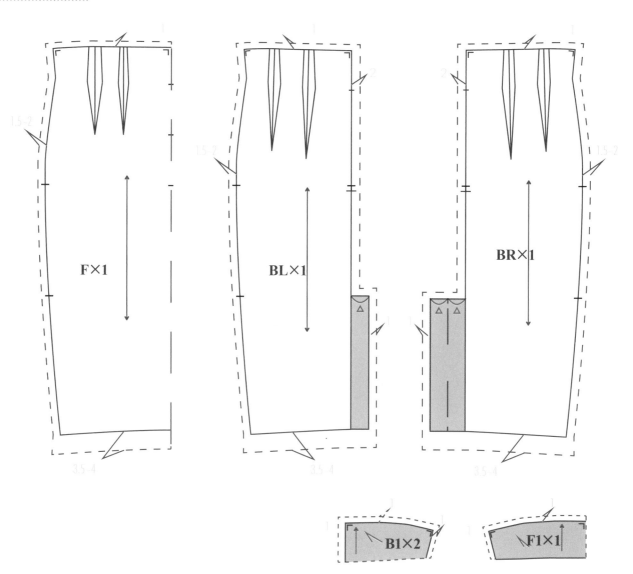

縫製 sewing

材料說明

單幅用布：（裙長＋縫份）×2
雙幅用布：裙長＋縫份
布襯1尺
隱形拉鍊12吋1條（實際拉鍊長度加1吋）

1. 車前後片褶子。

2. 車縫後片拉鍊。

3. 車縫後片開叉。

4. 車縫前後片脇邊。

5. 車縫前後片貼邊布。

6. 接縫裙子腰圍線和貼邊布。

7. 下襬千鳥縫，開叉止點止縫（蟲縫）。

8. 完成。

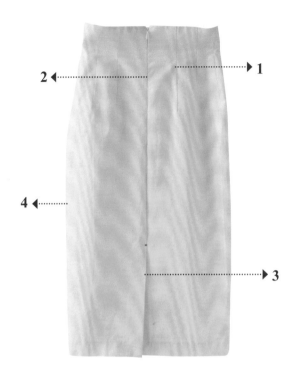

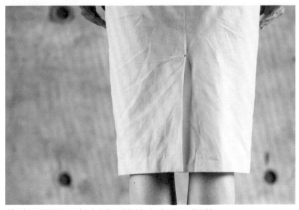

後片下襬開叉高度以下襬的合身度而調整。

低腰多片裙

Preview

基本尺寸

腰圍－64 cm
臀圍－90 cm
腰長－18 cm
裙長－45 cm

版型重點

・低腰腰帶
・有裡布製作
・八片縱向剪接

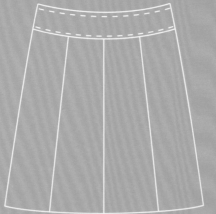
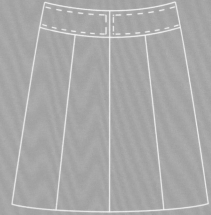

❶ 確認款式

低腰多片裙。

❷ 量身

裙長、腰長、腰圍、臀圍。

❸ 打版

後片、前片、低腰腰帶。

❹ 補正紙型

・合併前後低腰腰帶的褶
子，並修順線條。
・前後片脇邊對合，確認腰
線和下襬垂直。

❺ 整布

使經緯紗垂直，布面平整。

❻ 排版

布面折雙先排前後片再排低
腰腰帶。

❼ 裁布

前片×2、前脇片×2、後片
×2、後脇片×2、前表腰帶
折雙×1、後表腰帶×2、前
裡腰帶折雙×1、後裡腰帶折
雙×1、前裡片折雙×1、後
裡片折雙×1。

❽ 做記號

於完成線上做記號或作線釘
（腰圍線、脇邊線、下襬
線、腰帶、中心打牙口）。

❾ 燙襯

低腰腰帶貼薄襯（定型）、
隱形拉鍊二側貼牽條。

❿ 拷克機縫

後中心、剪接線、脇邊線。

版型製圖步驟

2 取H1～H2＝（H/4）＋1～1.5－1（22.5～23公分），自H2垂直往下畫定S2。H2～H3＝15公分（預留畫A字線條空間）。取H3～H4＝（H/4）＋1～1.5＋1（24.5～25公分），自H3垂直往下畫定S3；自H4垂直往上下畫，定W2和S4，此線段為前中心線。

POINT｜後片＝（H/4）＋1～1.5－1，前片＝（H/4）＋1～1.5＋1，＋1～1.5是臀圍鬆份，－1是前後差，此款式的臀圍整圈鬆份是4～6公分，可依個人設計和布料特性來決定鬆份的多寡。

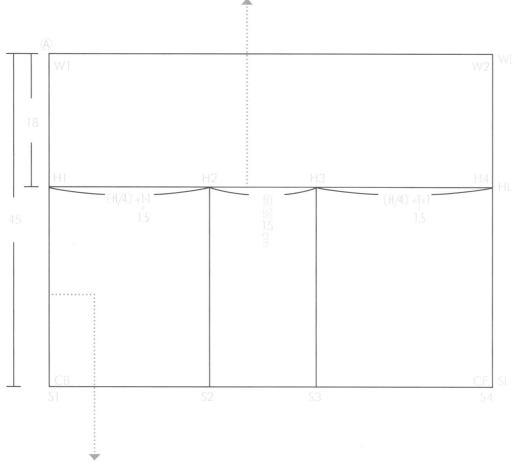

1 自A點（W1～S1）取裙長45公分，W1～H1取腰長18公分，此線段為後中心線。

7 後片W1～W5＝（W/4）＋3－1＝18公分，自W5→H2弧線連接並通過腰圍線往上1.2公分；W1～W7取0.5公分，W7垂直後中心線與W6連接。

POINT 後片腰圍取（W/4）＋3－1，＋3是褶子的份量，－1是前後差；注意腰圍完成線要與後中心、脇邊線呈垂直。

POINT 依體型不同，褶寬尺寸與褶數也會變動。

3 後片自H2～H5取10公分，H5～H6取1公分，直線連接H2→H6，往上下延長至腰線定W3，下襬線定S5。

POINT H2～H5＝10公分，此部位為腿圍處，故以臀圍和腿圍作為脇邊斜度的參考依據。

8 前片W2～W8＝（W/4）＋2＋1＝19公分，自W8→H3弧線連接並通過腰圍線往上1.2公分；W9垂直脇邊線與W2連接。

POINT 注意腰圍完成線要與後中心、脇邊線呈垂直。

POINT 因為體型關係，臀部大腹部小，所以褶寬通常前片小後片大。

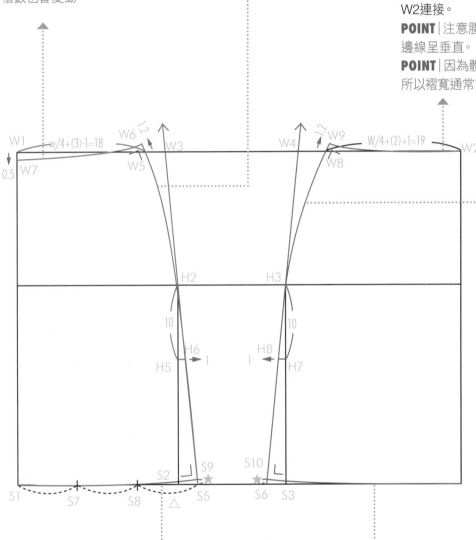

4 前片自H3～H7取10公分，H7～H8取1公分，直線連接H3→H8，往上下延長至腰線定W4，下襬線定S6。

5 S1～S5均分三等份，S8畫垂直於脇邊線（會被動產生S5～S9＝★的高度），再修順S8位置的線條。

6 S6～S10＝S5～S9＝★，S10垂直脇邊線畫至下襬後再修順線條。

POINT 前脇邊＝後脇邊。★高度可高可低，會影響脇邊長度和下襬線條。

10 D3～D4取褶寬3公分，H9～D2取5～7公分，由D3和D4弧線連接至D2。

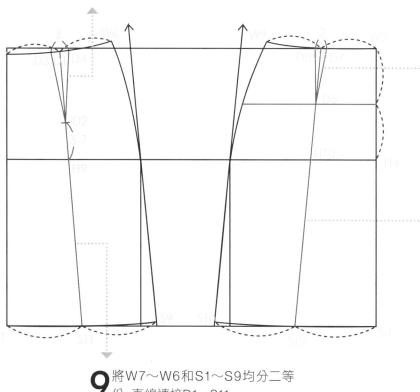

12 將w2～H4均分二等份畫垂直線至脇邊（此部位是腹圍線），D7～D8取褶寬2公分，由D7和D8弧線連接至D6。

11 將W2～W9和S4～S10均分二等份，直線連接D5→S12。
POINT | 均分二等份為多片裙剪接線位置。亦可因設計線不同而調整此線條。

9 將W7～W6和S1～S9均分二等份，直線連接D1→S11。

15 自S12左右各取2公分，T5和T6連接至D6。

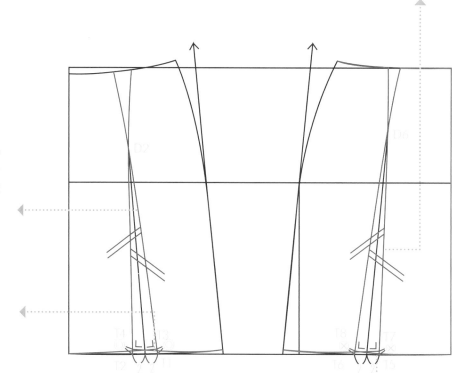

13 自S11左右各取2公分，T1和T2連接至D2。
POINT | S11左右各取2公分，此份量越大，交叉重疊的份量越多，裙襬越寬鬆。注意D2線條要修順，不能有角度。

14 T1～T3，T2～T4取0.5～0.7公分，取垂直修順下襬線。

16 T5～T7，T6～T8取0.5～0.7公分，取垂直修順下襬線。

17 由後片中腰圍線平行下降3公分，再由L1和L2平行下降5公分，褶子畫紙型合併記號。

POINT | 中腰圍線平行下降3公分，是低腰的尺寸；L1和L2平行下降5公分，是低腰腰帶寬；可依個人設計而決定低腰位置和腰帶寬度。

18 由前片中腰圍線平行下降3公分，再由L5和L6平行下降5公分，褶子畫紙型合併記號。

POINT | 注意前後腰帶線要和前後中心、脇邊線垂直。

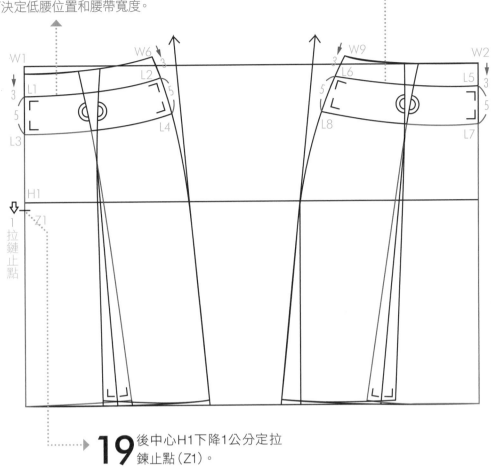

19 後中心H1下降1公分定拉鍊止點（Z1）。

裡布

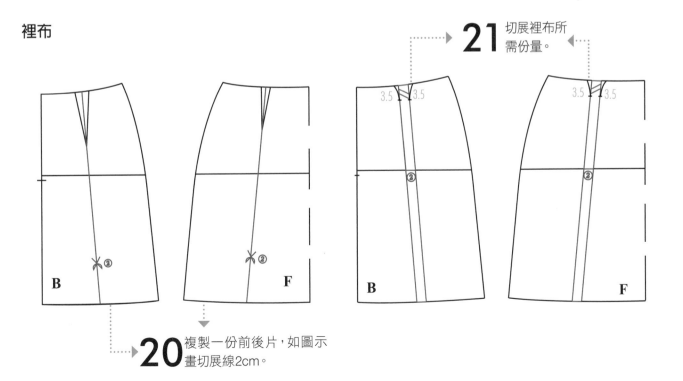

21 切展裡布所需份量。

20 複製一份前後片，如圖示畫切展線2cm。

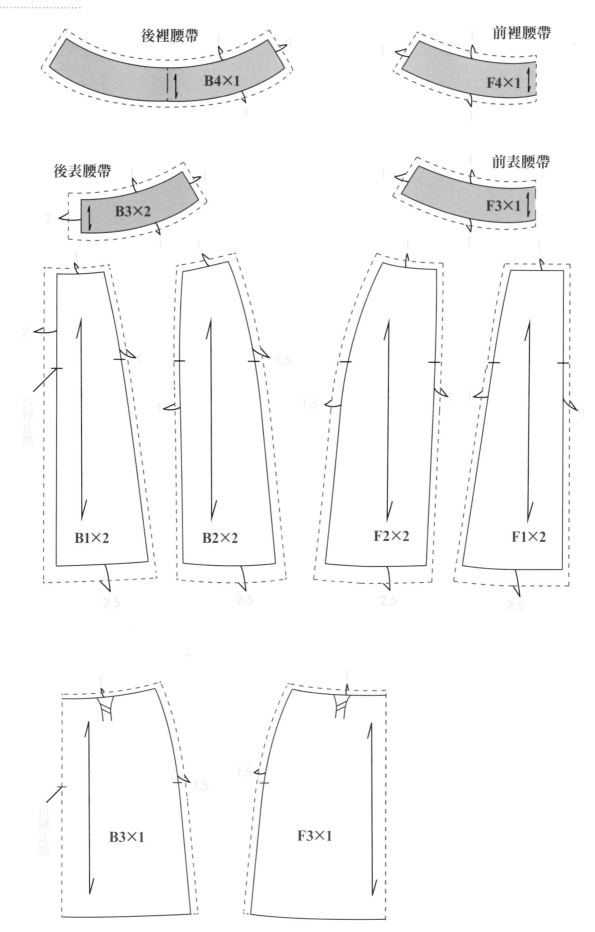

後裡腰帶　B4×1

前裡腰帶　F4×1

後表腰帶　B3×2

前表腰帶　F3×1

2

拉鍊止點

B1×2　B2×2　F2×2　F1×2

1.5　1.5

2.5　2.5　2.5　2.5

拉鍊止點

B3×1　F3×1

1.5　1.5

縫製 sewing

材料說明

正布
單幅用布：（裙長＋縫份）×2
雙幅用布：裙長＋縫份

裡布
單幅用布：（裙長＋縫份）×2
雙幅用布：裙長＋縫份

POINT | 裡布用布量約比正布減少一尺。

布襯1碼
隱形拉鍊七吋1條（比實際長度多1吋）

1. 車縫表布前片剪接線。

2. 車縫表布後片剪接線。

3. 車縫表前片和表前腰帶。

4. 車縫表後片和表後腰帶。

5. 後片中心車縫隱形拉鍊。

6. 車縫前後片裡布褶子。

7. 車縫裡前片和裡前腰帶。

8. 車縫裡後片和裡後腰帶。

9. 裡後片與表布隱形拉鍊車縫。

10. 前後裡布車縫脇邊線。

11. 前後表布車縫脇邊線。

12. 車縫表裡腰帶。

13. 表布下襬車縫。

14. 裡布下襬車縫。

15. 表裡布脇邊以鎖鍊縫固定。

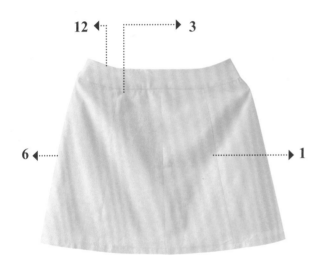

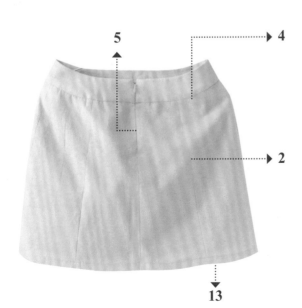

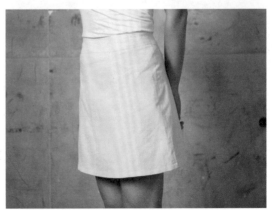

POINT | 未標示的部分為裡布製作。

寬口袋變化裙 /

Preview

基本尺寸
腰圍－64 cm
臀圍－90 cm
腰長－18 cm
裙長－50 cm

版型重點
‧中腰腰帶
‧脇邊寬口袋
‧後開隱型拉鍊

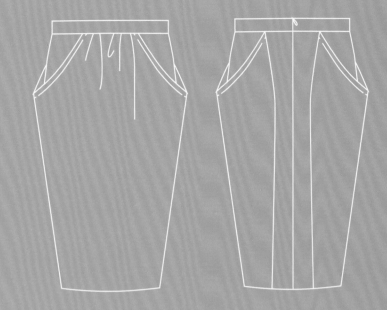

❶ 確認款式
寬口袋變化裙。

❷ 量身
裙長、腰長、腰圍、臀圍、腿圍。

❸ 打版
前片、後片、腰帶、口袋。

❹ 補正紙型
‧合併前後口袋，並修順線條。
‧前後片脇邊對合，確認腰線和下襬垂直。

❺ 整布
使經緯紗垂直，布面平整。

❻ 排版
布面折雙先排前後片再排口袋、腰帶。

❼ 裁布
前片折雙×1、後片×2、前片袋布A×2、後片袋布A×2、袋布B×2、腰帶×1。

❽ 做記號
於完成線上做記號或作線釘（腰圍線、脇邊線、下襬線、口袋、腰帶、中心打牙口）。

❾ 燙襯
中腰腰帶貼腰帶襯、隱形拉鍊二側貼牽條。

❿ 拷克機縫
後中心、剪接線、脇邊線、口袋袋布。

版型製圖步驟

2 取H1〜H2＝（H/4）＋1−1（22.5公分），自H2垂直往上下畫定W3和S2。H2〜H3＝15（預留脇口袋空間）。取H3〜H4＝（H/4）＋1＋1（24.5公分），自H3垂直往上下畫定W4和S3；自H4垂直往上下畫，定W2和S4，此線段為前中心線。

POINT ｜後片＝（H/4）＋1−1，前片＝（H/4）＋1＋1，＋1是臀圍鬆份，±1是前後差，此款式的臀圍整圈鬆份是4公分，可依個人設計和布料特性來決定鬆份的多寡。

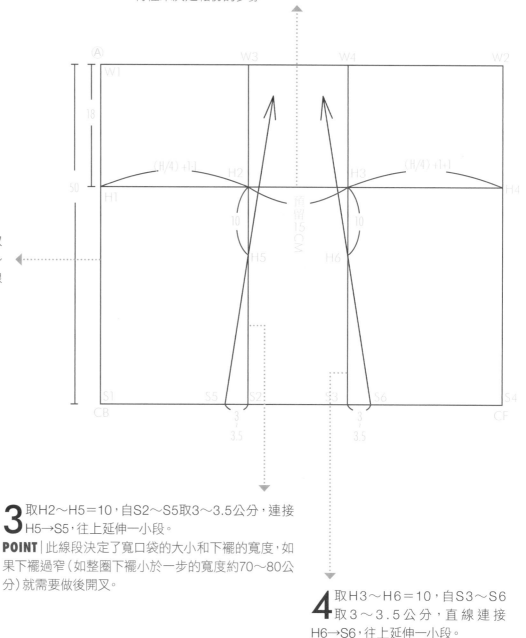

1 自A點（W1〜S1）取裙長50公分，W1〜H1取腰長18公分，此線段為後中心線。

3 取H2〜H5＝10，自S2〜S5取3〜3.5公分，連接H5→S5，往上延伸一小段。

POINT ｜此線段決定了寬口袋的大小和下襬的寬度，如果下襬過窄（如整圈下襬小於一步的寬度約70〜80公分）就需要做後開叉。

4 取H3〜H6＝10，自S3〜S6取3〜3.5公分，直線連接H6→S6，往上延伸一小段。

5 在腰線上方約5公分處，畫出與腰線同等寬的線段，並畫出脇邊
位置。自W2～W5取〔(W+1)/4〕+1＝17.25公分，W4～W5均分
為三等份，一等份為●；自W1～W9取〔(W+1)/4〕－1＝15.25公分，
W3～W10取一等份為●；W9～W10再均分二等份，一等份為☆。
POINT ｜ 扣除前後實際腰圍的尺寸後，其餘的份量就是腰圍和臀圍之
差，腰臀差越大者，褶份亦會增大，脇邊曲線會較明顯。

11 自W1下降1公分，W13垂直後中心畫一
小段直線後再畫弧線連接於W12。
POINT ｜ 注意腰圍線一定要和前後中心線、脇
邊線呈垂直，方能成水平線。

8 自W8垂直脇邊線，先畫
一段直角，再畫弧線於
腰圍線上。

9 自後腰線上
取W3～W10
＝●，H2～H8＝
4公分，弧線連接
W10→H8順著弧
度往上1.2公分；
H8→H5是直線。

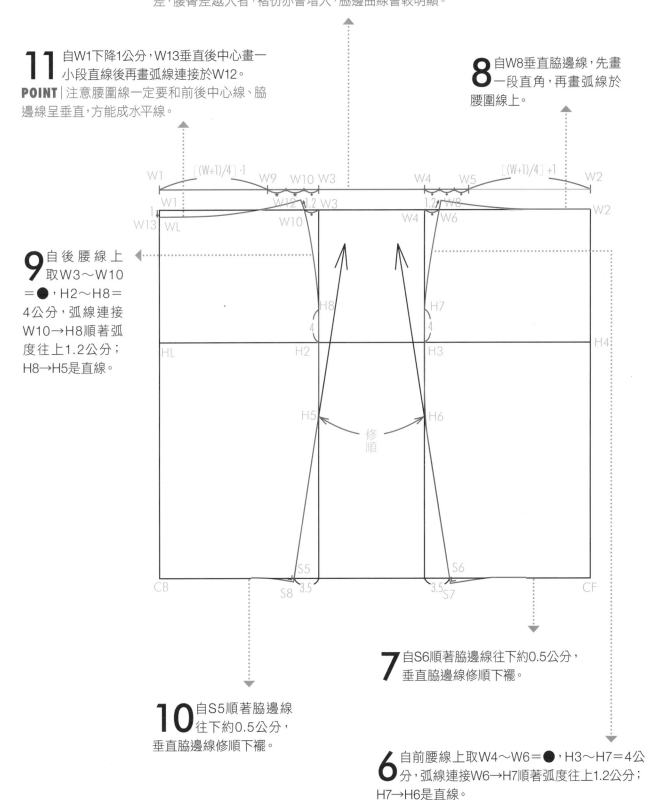

7 自S6順著脇邊線往下約0.5公分，
垂直脇邊線修順下襬。

10 自S5順著脇邊線
往下約0.5公分，
垂直脇邊線修順下襬。

6 自前腰線上取W4～W6＝●，H3～H7＝4公
分，弧線連接W6→H7順著弧度往上1.2公分；
H7→H6是直線。

13

自D1～D4畫出弧線褶子。

POINT | 此褶寬為一等份★，利用剪接線扣除褶份（★+0.5），另一等份（★-0.5）自脇邊扣除。

POINT | 脇邊扣除褶份份量較大，需修順脇邊線避免脇邊蓬突線條產生。

14
W12～W14＝★-0.5，修順脇邊線。

16
將W2～H4均分二等份，M1垂直前中心畫至脇邊線。D6～D7取一等份（●-0.5），直線連接至D5。

POINT | 另一等份（●+0.5）即為前腰線的縮份量。

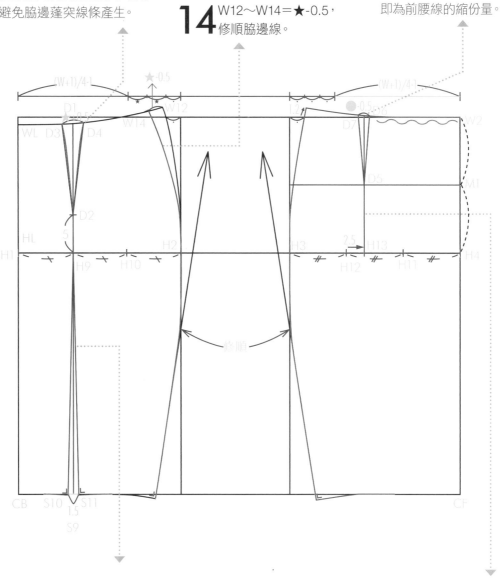

12
自將H1～H2均分三等份，自H9畫垂直線。自S10～S11取1～1.5，連接於H9，再修順下襬。

POINT | S10～S11取1～1.5公分會縮小下襬的寬度，此份量亦可不扣除，可增加下襬機能性。

15
將H3～H4均分三等份，H12～H13＝2.5公分，垂直畫於腰線上。

18
自D4〜P1〜畫弧線。

POINT | 可依設計決定線條，但注意袋口要和脇邊垂直。

20
自D6〜P3畫弧線。

POINT | 可依設計決定線條，但注意袋口要和脇邊垂直。

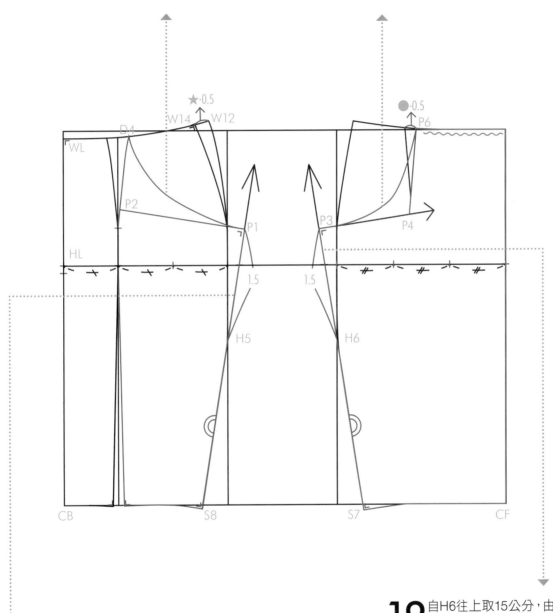

17
自H5往上取15公分，由P1垂直脇邊線連接於剪接線處。

POINT | H5〜P1＝15公分，為口袋深度，可依設計調整。

19
自H6往上取15公分，由P3垂直脇邊線連接於褶子延長線之交界點P4。

POINT | 注意P3〜S7=P1〜S8

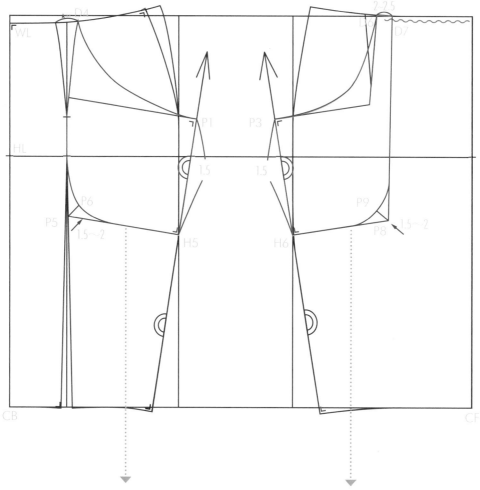

21 自H5垂直於脇邊線畫直線
至剪接線P5，P5～P6取45度
1.5～2公分，修圓角。
POINT｜此為後片袋布B，會與前片袋
布B合併連裁。

22 D6～D7＝2～2.5，自H6垂直
於脇邊線畫直線與D7延長線
交界點P8，P8～P9取45度1.5～2公
分，修圓角。

23

取W8～W15＝D6～D7，再修順脇邊線。

POINT | 將此褶份從脇邊扣除（亦可一開始打版即扣除此份量，因為利用窄裙原裡打版應用，故步驟分解讓讀者了解）。前片的腰臀差有三個●，目前二個由脇邊扣除，還有一個●＋0.5份量要當作前片細褶份。

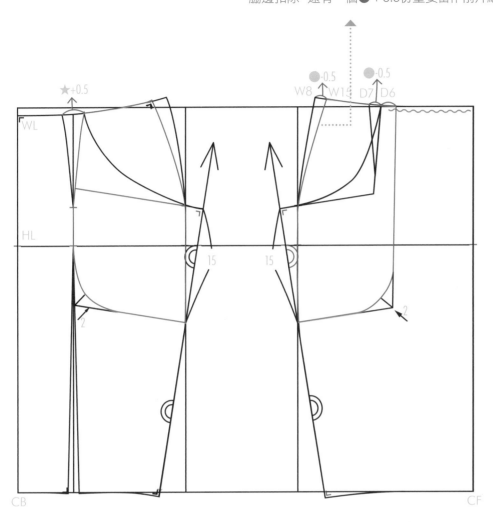

24

腰帶寬3公分，腰帶長取BW＝（W+1）/4－1＝15.25公分，FW＝（W+1）/4＋1＝17.25公分，持出份3公分。

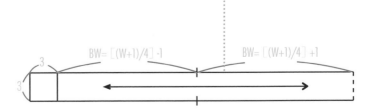

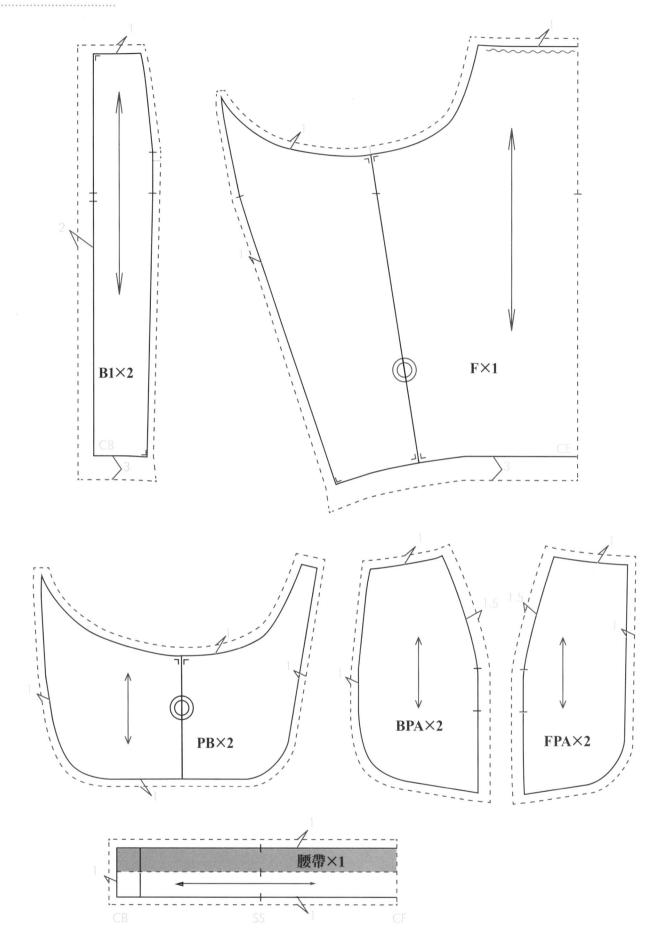

B1×2

F×1

PB×2

BPA×2

FPA×2

腰帶×1

縫製 sewing

材料說明

單幅用布：(裙長＋縫份)×2
雙幅用布：裙長＋縫份
腰帶襯1碼
隱形拉鍊九吋1條(比拉鍊實際尺寸多1吋)

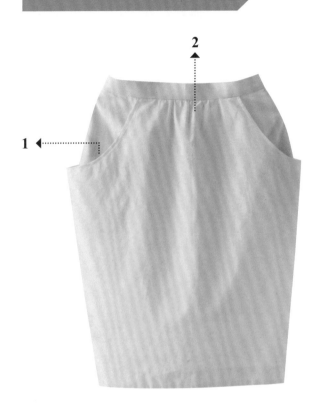

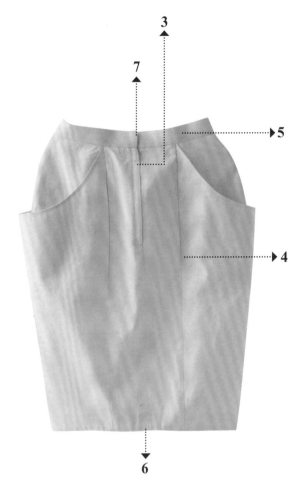

1. 車縫脇邊寬口袋。

2. 前片抽皺。

3. 車縫後中心拉鍊。

4. 車縫後片剪接線。

5. 車腰帶。

6. 縫下襬。

7. 縫裙鉤或開釦眼／縫釦子。

寬口袋的大小可依設計而變化。

Part 4 / 褲子・打版與製作

飛鼠褲

Preview

基本尺寸

腰圍－64 cm
臀圍－90 cm
腰長－18 cm
低襠－45 cm
褲長－80 cm

版型重點

• 鬆緊帶
• 脇邊口袋
• 低襠設計
• 褲腳羅紋布

❶ 確認款式

飛鼠褲。

❷ 量身

褲長、腰長、低襠、腰圍、
臀圍。

❸ 打版

前後共版（前後共用同一紙
型）、褲身版、褲口版、口袋。

❹ 補正紙型

· 確認前後中心線和腰線、
　下襬要垂直。
· 確認脇邊線和腰線、下襬
　要垂直。

❺ 整布

使經緯紗垂直，布面平整。

❻ 排版

布面折雙先排前後片再排口
袋，褲口另外排羅紋布。

❼ 裁布

前片折雙×1、後片折雙
×1、羅紋褲口布×2、袋布
A×2、袋布B×2。

❽ 做記號

於完成線上做記號或作線釘
（腰圍線、脇邊線、下襬
線、股下線、口袋位置、中
心打牙口）。

❾ 燙襯

前片袋口位置貼牽條。

❿ 拷克機縫

前後片脇邊線、股下線、褲
口羅紋（車縫後再合拷）、
袋布。

4 自W2～W3取W/4＝◎，垂直畫下至L2。

POINT｜多此◎份量為鬆緊帶縐褶份，若要設計寬鬆一點可將此份量再加大。

POINT｜W尺寸要比H尺寸大才穿得下。

2 自W1～W2取W/4＝16。

1 自A點取褲長80公分，腰長18公分，低襠45公分。

POINT｜低襠的長度可依個人喜好而決定，此款低襠位置約膝上10公分。

5 H2～H3被動獲得臀圍寬鬆份量。

POINT｜此打版先決定腰圍鬆緊份，被動獲得臀圍鬆份；亦可先決定臀圍鬆份，而被動獲得腰圍鬆緊帶縐褶份量。

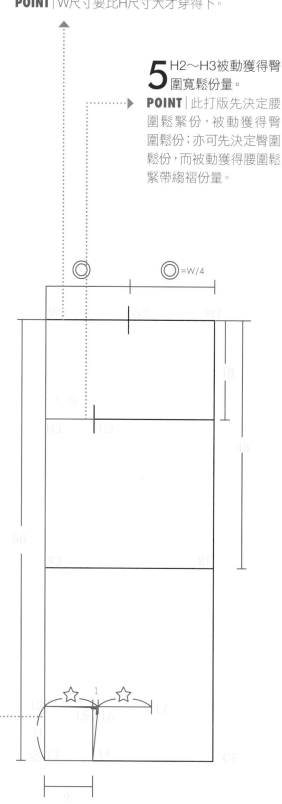

3 自H1～H2取H/4＝22.5。

6 自L2～L3取11公分，L2～L4取9公分，垂直交叉於L5，再往左1公分，L6與L4連線。

POINT｜L2～L3取11公分為羅紋束口長度，可依設計決定長度；L2～L4取9公分為羅紋束口圍度，一整圈是18公分，此圍度是依褲長位置，量取小腿圍度的尺寸再減三到五公分（因羅紋布有彈性，所以完成尺寸會比量身尺寸小）。

9 H3～P2取2～2.5公分，P2～P3取2～2.5公分，P3～P4取10～12公分，P4～P5取14～16公分，W3～P6取9～11公分，連接P5～P6，將P3、P4、P5等角度修呈圓弧度。

POINT｜P3～P4取10～12公分，為口袋深度；P4～P5取14～16公分，為口袋寬度，口袋寬度和深度可依手掌大小而調整。

8 自W3下5公分，P1～H3為脇邊口袋。

POINT｜一般口袋口長度約14～16公分，亦可自臀圍線往上取口袋口長度。

7 取L3～L6＝L6～L7，弧線連接R1～L7。

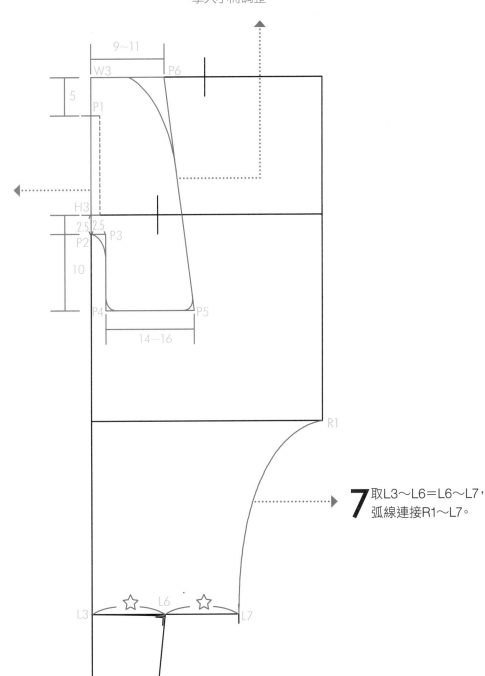

裁片縫份說明

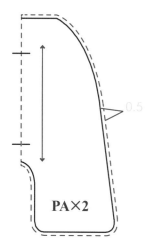

PA×2

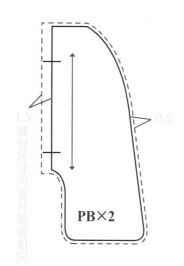

PB×2

1.5
縫份尺寸與後片脇邊相同

0.5

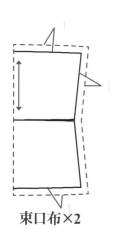

束口布×2

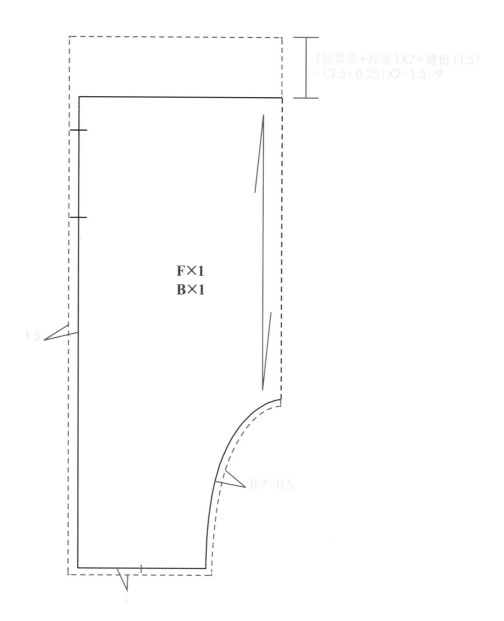

（鬆緊帶＋厚度）X2＋縫份（1.5）
＝（3.5+0.25）X2+1.5＝9

F×1
B×1

1.5

0.7～0.5

縫製 sewing

材料說明

單幅用布：(褲長＋縫份)×2
雙幅用布：褲長＋縫份
羅紋布1尺
鬆緊帶1碼

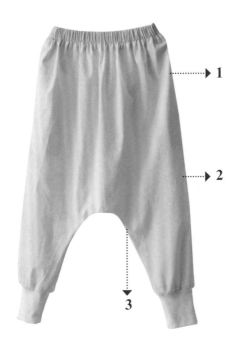

1
2
3

5
4

1. 車縫脇邊口袋。

2. 車縫前後片脇邊。

3. 車縫前後片股下線(縫份留少，弧線處不能剪牙口)。

4. 車縫褲口羅紋布。

5. 車縫鬆緊帶。

六分褲裙

Preview

基本尺寸

腰圍－64 cm
臀圍－90 cm
腰長－18 cm
股上－26 cm
褲長－60 cm

版型重點

- 前片中腰帶，後片腰圍鬆緊帶
- 前片弧線貼邊式剪接口袋
- 前開拉鍊設計
- 下襬寬大設計

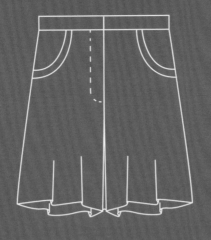
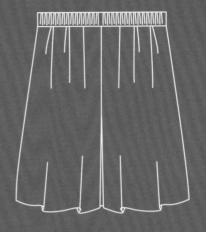

❶ 確認款式

六分褲裙。

❷ 量身

褲長、腰長、股上、腰圍、臀圍。

❸ 打版

前片、後片、腰帶、口袋、袋布、拉鍊持出、拉鍊貼邊。

❹ 補正紙型

- 確認前後中心線與腰線要垂直。
- 確認脇邊線和腰線、下襬要垂直。
- 前後褲檔，對合股下線6～8公分，修順褲檔線。

❺ 整布

使經緯紗垂直，布面平整。

❻ 排版

布面折雙先排前後片再排腰帶、口袋布、拉鍊持出和貼邊布。

❼ 裁布

前片×2、後片×2、腰帶×1、袋布A×2、袋布B×2、口袋口布×2、袋布A貼邊布×2、口袋貼邊布×2、拉鍊持出布×1、拉鍊貼邊布×1。

❽ 做記號

於完成線上做記號或作線釘（腰圍線、脇邊線、下襬線、褲襠線、股下線、口袋位置、中心打牙口、口袋對合記號點）。

❾ 燙襯

前片袋口位置貼牽條、拉鍊持出布和貼邊布貼布襯、腰帶前片貼腰帶襯（後片上鬆緊帶不貼襯）。

❿ 拷克機縫

前後片脇邊線、股下線、褲襠線、口袋車縫後袋布再合拷、拉鍊持出布和貼邊布。

1 自A點（W1～T1）取褲長60公分，W1～H1取腰長18公分，W1～R1取股上長26+2＝28公分。

POINT | 因為此款式為褲裙，所以股上長+2，穿起來較寬鬆舒適。亦可依個人設計而增減鬆份。

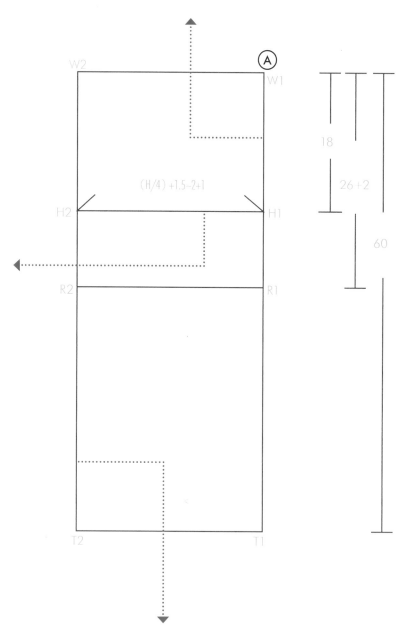

2 自H1取垂直中心線，H1～H2＝（H/4）+1.5～2+1＝25～25.5公分。

POINT | +1.5～2是臀圍基本寬份，+1是前後差。

POINT | 此款版型最後還會做切展，故臀圍和下襬寬度會更大。

3 以H2～H1寬度畫出垂直線，定出腰線T2，股上線R2，褲口線T2。

8 自W3～W4取（W/4）＋4＋1＝21公分，弧線連接W4→H2
並往上延伸1.2公分；W3～W6＝0.5公分，弧線連接
W5→W6。

POINT ｜（W/4）＋4＋1，＋4是前片二根褶份寬，褶寬尺寸越大，
展開後的下襬寬也會越大，褶數與褶份可依設計決定，＋1是
前後差。注意：W5→W6要與前中心線和脇邊線垂直。

6 W1～W3＝0.5～1公分，直線連接
W3→H1；R1～R5＝△，弧線連接
H1→R5→R3。

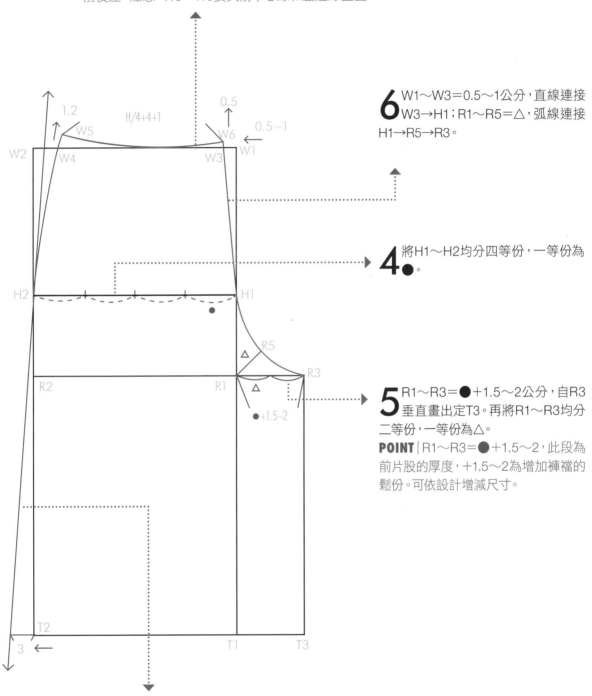

4 將H1～H2均分四等份，一等份為
●。

5 R1～R3＝●＋1.5～2公分，自R3
垂直畫出定T3。再將R1～R3均分
二等份，一等份為△。

POINT ｜R1～R3＝●＋1.5～2，此段為
前片股的厚度，＋1.5～2為增加褲襠的
鬆份。可依設計增減尺寸。

7 自T2～T4取3公分，直線連接
H2→T4並往延伸至腰圍線。

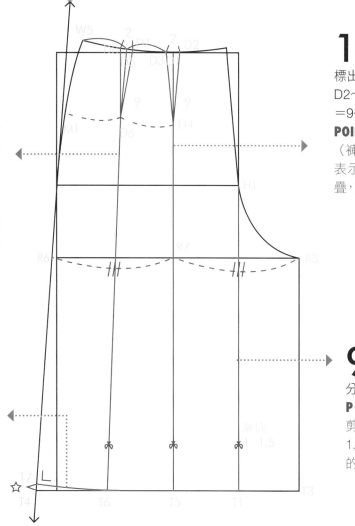

11 W5～D3均分二等份，D4～M1均分二等份，直線連接D5→D6並延長至下襬線T6，下方畫剪刀。D7～D8＝2公分，D5～D6＝9公分，直線連接褶子。

POINT | 褶寬2公分是由W/4＋4＋1中的＋4而來，因為要打二根摺子，所以一根是2公分。

10 R3～R6均分二等份，自R7垂直上下標出D1、T5，下方畫剪刀。D2～D3＝2公分，D1～D4＝9公分，直線連接褶子。

POINT | D1→T5表示褶山線（褲子的中心線），此線段表示要折疊剪開（褶子折疊，D4→T5展開）。

9 H1→T1下方畫剪刀，旁標記1～1.5公分。

POINT | 表示此線段要剪開，壓H1展開T1約1～1.5公分，增加褲裙下襬的份量。

12 垂直脇邊線至T6，會被動獲得T7～T4＝☆的高度。

POINT | T5處要修順下襬。

後片

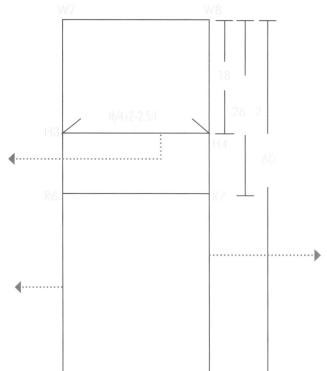

14 自H3取垂直中心線，H3～H4＝（H/4）＋2～2.5－1＝23.5～24公分。

POINT | （H/4）＋2～2.5－1，＋2～2.5是臀圍寬份，－1是前後差。

15 以H3～H4寬度畫出垂直線，定出腰線W8，股上線R7，褲口線T10。

13 W7～T9取褲長60公分，W7～H3取腰長18公分，W7～R6取股上長26＋2＝28公分。

19 自W10～W11取（W/4）＋3－1＝18公分，弧線連接W11→H4並往上延伸1.2公分，弧線連接W12→W10。

POINT |（W/4）＋3－1，＋3是後片一根褶份寬，尺寸越大，展開後的下襬寬也會越大；－1是前後差。注意：W12→W10要與後中心線和脇邊線垂直，後腰完成線會離開腰圍基礎線。

17 W7～W9＝2公分，直線連接W9→R6並延伸過腰圍線2～2.5公分畫垂直線於腰線上；臀圍線往上H5取2～2.5公分，畫垂直線至置臀圍線上；R6～R9＝△，弧線連接H5→R9→R8。

POINT |△尺寸即前片1/2股的厚度。

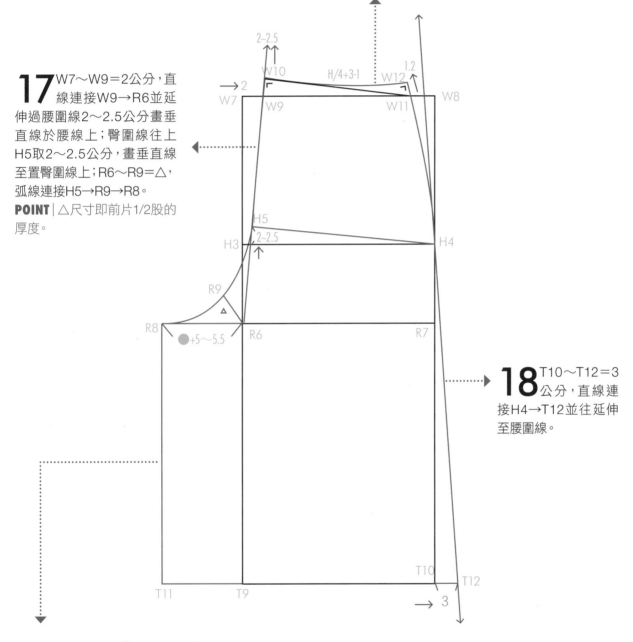

18 T10～T12＝3公分，直線連接H4→T12並往延伸至腰圍線。

16 R6～R8＝●＋5～5.5公分，自R8垂直畫出定T11。

POINT | R6～R8＝●＋5～5.5，此段為後片股的厚度，因為體型因素（後面有臀部），所以後片股的厚度比前片大，以增加鬆份。可依體型或設計增減尺寸。

21 W10～W12均分二等份，自D9垂直腰圍線往下畫至新臀圍線H6；H6～D10＝5公分，D10往右0.5公分（D11），在D9左右取褶寬3公分（D12～D13＝3），直線連接褶子D12→D11，D13→D11。

22 自D9→D11直線延伸畫至下襬T14。D9→T14要切展，上面展開4～5公分，下方展開8～10公分。

POINT｜此線段褶子不折疊，將褶子的份量做為鬆緊帶份量，因款式需要，故再追加鬆緊帶4～5公分不足之份量（此份量越多，褲裙越寬大）。下方展開8～10公分，為增加褲裙下襬寬度（可依設計自行調整）。

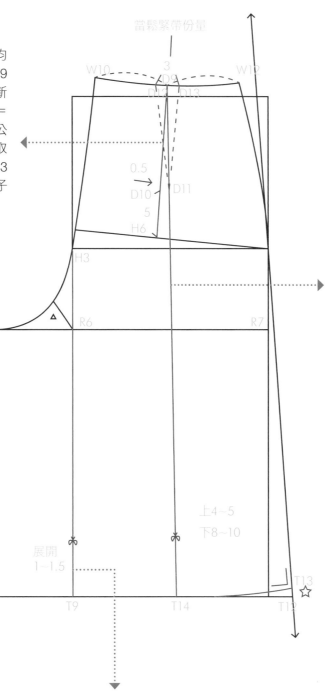

20 H3→T9下方畫剪刀，旁標記1～1.5公分。

POINT｜表示此線段要剪開，壓H3展開T9約1～1.5公分，增加褲裙下襬的份量。

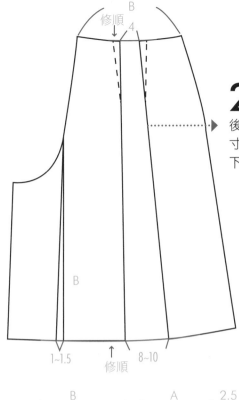

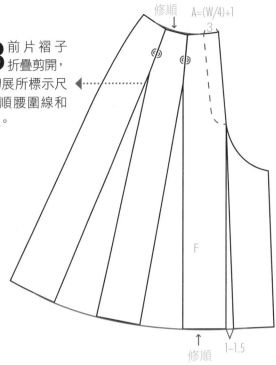

23 前片褶子折疊剪開，後片切展所標示尺寸。修順腰圍線和下襬線。

24 依P1～P4畫出口袋位置。

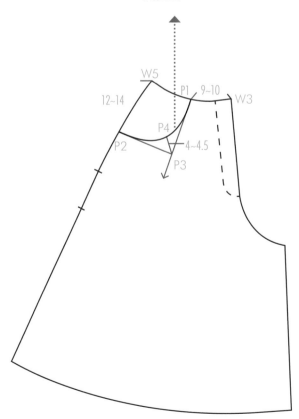

25 P1～P5＝2公分，P2～P6＝2公分，平行袋口連接P5→P6；依P7～P10畫出口袋袋布。

POINT 口袋口貼邊寬度可依設計而定。

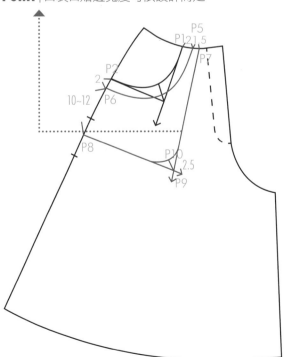

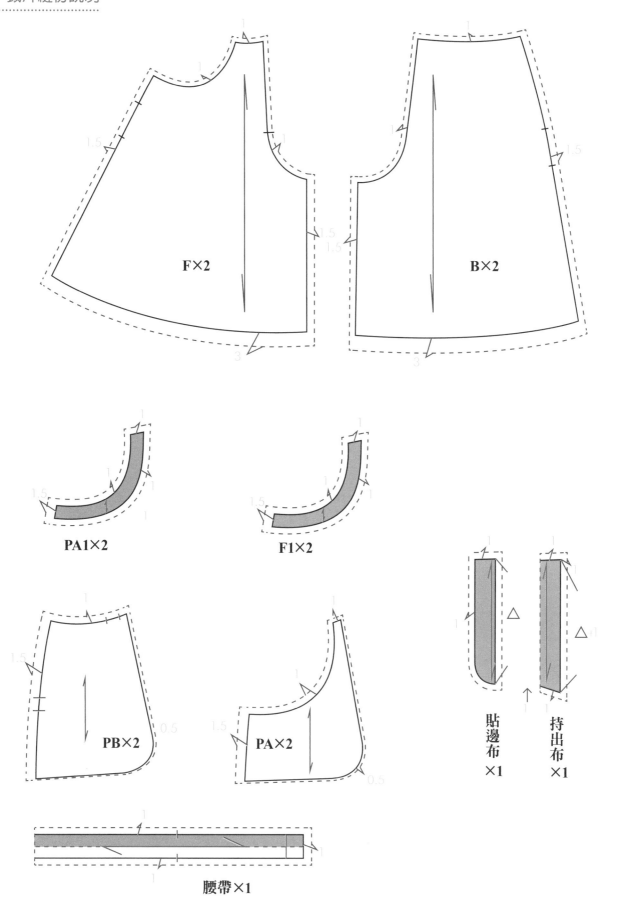

F×2

B×2

PA1×2

F1×2

PB×2

PA×2

貼邊布
×1

持出布
×1

腰帶×1

縫製 sewing

材料說明

單幅用布：（褲長＋縫份）×3
雙幅用布：（褲長＋縫份）×1.5
腰帶襯約1尺半
鬆緊帶1尺
普通拉鍊七吋1條
釦子1顆

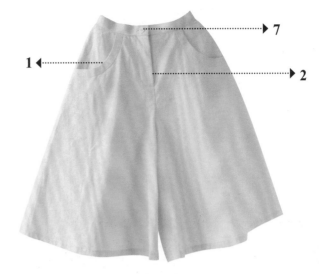

1. 車縫前片口袋。

2. 車縫前片拉鍊。

3. 車縫前後脇邊線和股下線。

4. 車縫褲襠線（股上線）。

5. 車縫腰帶和後鬆緊帶。

6. 車縫褲口下襬。

7. 前中心開釦眼、縫釦子。

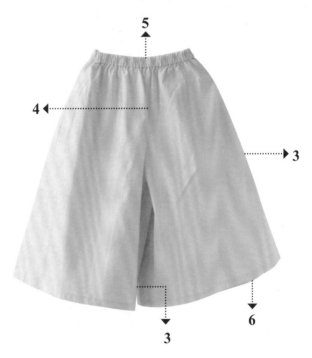

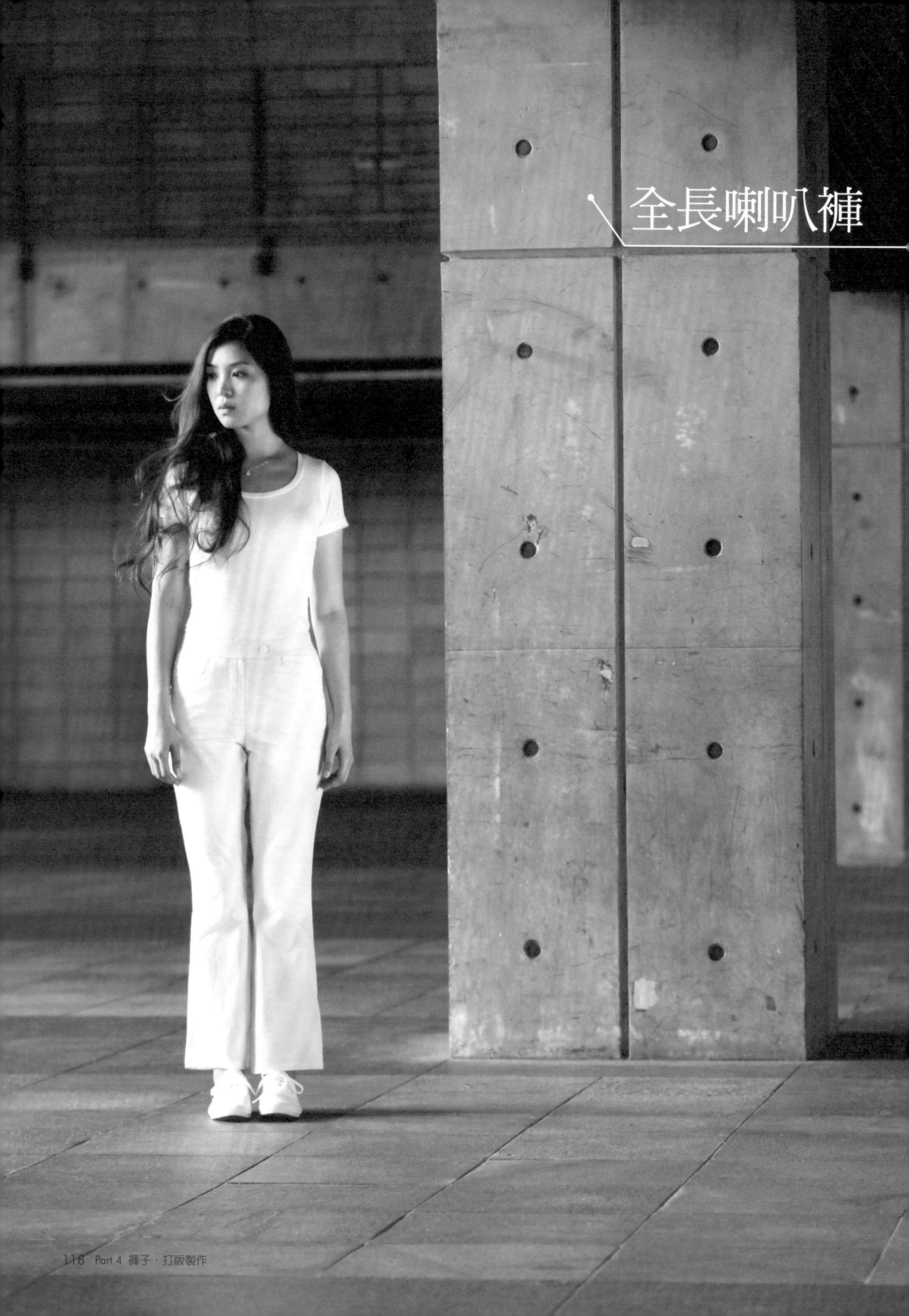

全長喇叭褲

Preview

基本尺寸

腰圍－64 cm
臀圍－90 cm
腰長－18 cm
股上－26 cm
膝上圍－38 cm
褲口寬－50 cm
褲長－94 cm

版型重點

- 低腰腰帶
- 前片淺弧線剪接式口袋
- 前開拉鍊設計
- 喇叭線條設計

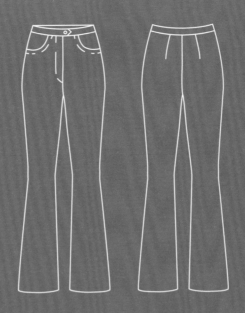

❶ 確認款式

全長喇叭褲。

❷ 量身

褲長、腰長、股上、腰圍、臀圍、膝上圍、褲口寬。

❸ 打版

前片、後片、低腰腰帶、口袋、袋布、拉鍊持出、拉鍊貼邊。

❹ 補正紙型

- 確認前後中心線與腰線要垂直。
- 確認脇邊線和腰線、下襬要垂直。
- 前後褲襠，對合股下線6～8公分，修順褲襬線。
- 低腰腰帶褶子折疊修順線條。

❺ 整布

使經緯紗垂直，布面平整。

❻ 排版

布面折雙先排前後片再排腰帶、口袋布、拉鍊持出和貼邊布。

❼ 裁布

前片×2、後片×2、前片左腰帶×2、前片右腰帶×2、後片腰帶折雙×2、袋布A×2、袋布B×2、拉鍊持出布×1、拉鍊貼邊布×1。

❽ 做記號

於完成線上做記號或作線釘（腰圍線、脇邊線、下襬線、褲襬線、股下線、口袋位置、中心打牙口、口袋對合記號點）。

❾ 燙襯

前片袋口位置貼牽條、拉鍊持出布和貼邊布貼布襯、腰帶前後片貼布襯。

❿ 拷克機縫

前後片脇邊線、股下線、褲襬線、口袋車縫後袋布再合拷、拉鍊持出布和貼邊布。

版型製圖步驟

1 自A點（W1－H1）取腰長18公分，
W1～R1取股上長26公分。

2 自H1取垂直中心線，H1～H2＝
（H/4）＋0.5＝23公分。
以H2～H1寬度畫出垂直線，定出腰線W2，股上線R2。

POINT｜（H/4）＋0.5，＋0.5是臀圍寬份。如用彈性布製作，臀圍不需加鬆份，反之可減少臀圍尺寸，使穿著時更有合身（貼身）的線條。

3 將H1～H2均分四等份，一等份為●。
R1～R3＝●－1.5公分，再將R3～R2均分二等份，定R4。

POINT｜R1～R3＝●－1.5公分，此為前片股的厚度，股的厚度和款式、體型有關，款式越寬鬆或體型偏圓身體型，股的厚度相對較大。此款喇叭褲為合身線條，所以股的厚度較小。

4 以R4定點往上下畫出折山線（即褲管中心線），自W3～T1＝94＋2公分。T1～T2＝T1～T3＝12

POINT｜W3～T1＝94＋2公分。＋2是增加全褲長的長度，全長喇叭褲若搭配高跟鞋，可再增加褲長。

POINT｜前片T1～T2＝T1～T3＝12公分；後片T1～T5＝T1～T6＝13公分。此款褲口寬設定是50公分，前片50/4－0.5，後片50/4＋0.5，±0.5為前後差。褲口寬度影響喇叭線條，可依設計決定大小。

5 自R4～T1均分二等份，由K1往上7公分，K2～K3＝K2～K4＝9公分。

POINT｜K1～K2＝7公分，膝線提高越多，比例越佳，越有修長感。

POINT｜K2～K3＝K2～K4＝9，此為膝上圍（38）/4-0.5＝9

6 弧線連接R3→K3→T2。

7 弧線連接R2→K4→T3。

8 T1～T4＝1～1.5公分，弧線連接T2→T4→T3。

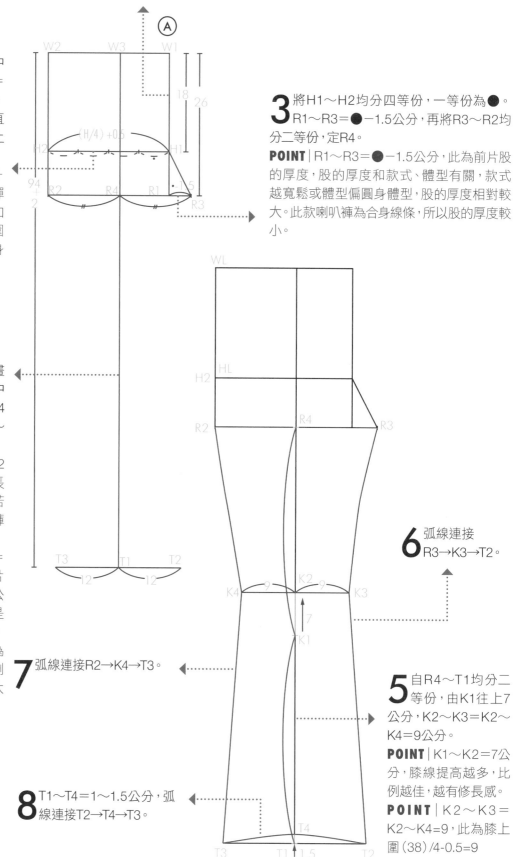

11 W4～W7＝0.5公分，弧線連接W7→W6。

POINT｜W7→W6要與前中心線和脇邊線垂直。

12 W3～D1＝9公分，D2～D3＝1.5～2公分，直線連接褶子。

POINT｜褶寬1.5～2公分是由（W/4）＋1.5～2＋1中的＋1.5～2而來。

9 W1～W4＝1～1.5公分，直線連接W4→H1；R1～R5均分三等份，弧線連接H1→R6→R3。

10 自W4～W5取（W/4）＋1.5～2＋1＝18.5～19公分，弧線連接W5→H2並往上延伸1.2公分；順修R2線條。

POINT｜（W/4）＋1.5～2＋1，＋1.5～2是前片褶份寬，＋1是前後差。

13 複製前片基礎線，準備畫後片。

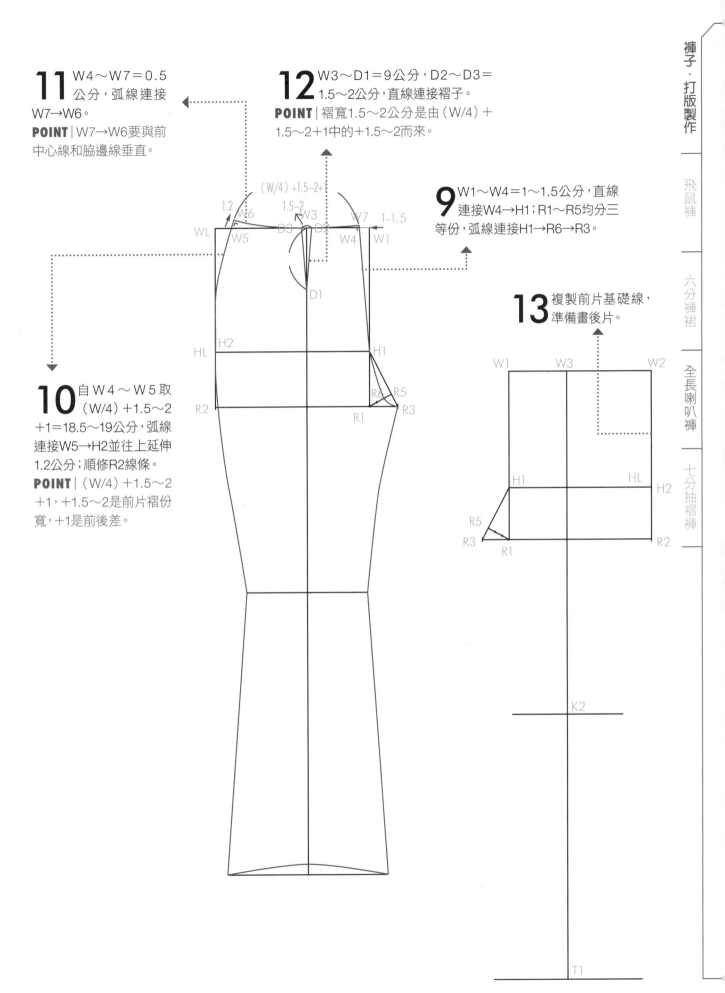

16 自W9畫垂直線於腰線上；在臀圍線上H3～H4＝3公分，自H4畫垂直線於臀圍線上。

15 W1～W3均分二等份，W7～W8＝1公分，R1～R9＝1公分，直線連接W8→R9並延伸過腰圍線3公分（W9）。

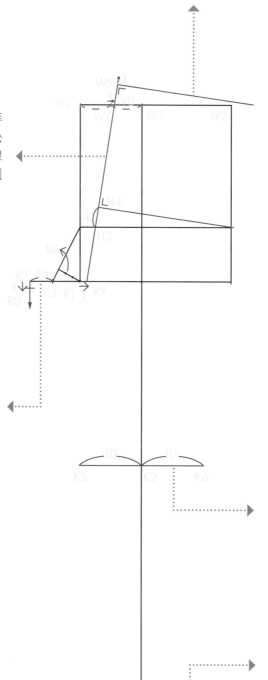

14 R3～R7＝3.5～4公分，自R7～R8＝1公分。

POINT | R1～R7，此段為後片股的厚度，因為體型的因素（後面有臀部），所以後片股的厚度比前片大，以增加鬆份。可依體型或設計增減尺寸。

POINT | R7～R8下降1cm，此為減少後股下線與前股下線的長度差。（亦可不扣除長度差，在前股下處拔燙至與後股下同長。）

17 取K2～K5＝K2～K6＝10公分

POINT | 前片K2～K3＝K2～K4＝9公分；後片k2～K5＝K2～K6＝10公分，此款膝上圍是38公分，前片38/4－0.5，後片38/4＋0.5，±0.5為前後差。喇叭褲講究合身度，打版尺寸會依體型不同或布料有無彈性而改變。

18 取T1～T5＝T1～T6＝13公分

20 自H4取垂直後中心線，H4～H5＝（H/4）＋0.5＝23公分。

POINT｜（H/4）＋0.5，＋0.5是臀圍寬份。

19 弧線連接H4→R6→R8。弧線連接R8→K5→T5。

POINT｜R8→K5畫內弧線，K5→T5畫直線。

21 以H4～H5寬度畫出脇邊垂直線，往上定出腰線W10，往下畫延長線。

24 T1～T7＝1.5～2公分，弧線連接T5→T7→T6。

POINT｜全長喇叭褲的褲口線條前短後長。

22 自W9～W11取（W/4）＋2～2.5－1＝17～17.5公分，弧線連接W11→H5並往上延伸1.2公分（W12），往下弧線連接H5→K6→T6。

POINT｜（W/4）＋2～2.5－1，＋2～2.5是後片一根褶份寬，－1是前後差。

POINT｜H5→K6畫外弧線。（此線條會影響大腿合身度），K6→T6畫直線。

23 弧線連接W9→W12。

POINT｜W9→W12要與後中心線和脇邊線垂直，後腰完成線會離開基礎腰線。

25 W9～W12均分二等份，自W13垂直腰圍線往下畫至新臀圍線H6；H6～D4＝5公分，在W13左右取褶寬（D5～D6＝2～2.5公分），D4往右0.5公分（D7），直線連接褶子D5→D7，D6→D7。

POINT｜H6→D4＝5即褶長止點，褶長會影響臀圍的合身度。可依體型、設計線條而改變長度。

腰帶

26 W9～W12平行下降2公分（L1～L2），L1～L2再平行下降3.5公分（L3～L4）。

POINT｜L1～L2為低腰圍線，L3～L4為腰帶寬；可依設計決定低腰尺寸和腰帶寬度。

POINT｜腰帶上的褶子要紙上折疊。

27 W6～W7平行下降2公分（L5～L6），L5～L6再平行下降3.5公分（L7～L8）。由L9～L14依序畫出前片左右腰帶。

左腰帶

右腰帶

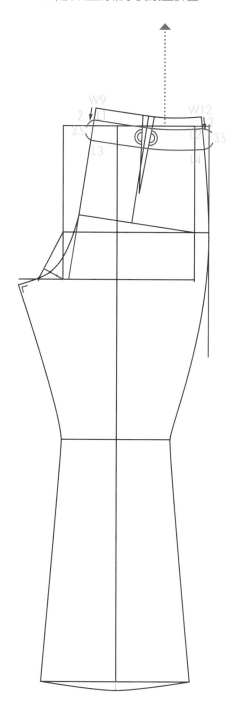

28 L7～Z1＝3公分，H1～Z2＝1公分，弧線連接Z1→Z2。

POINT｜Z1→Z2拉鍊裝飾線。

口袋

29 依P1～P5畫出口袋位置。
POINT | 口袋位置和線條可
依設計而改變。

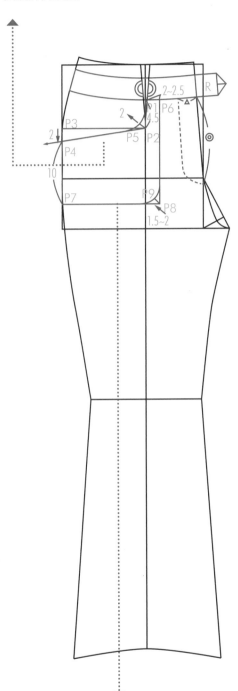

30 P1～P6＝2～2.5公分，
P4～P7＝10～12公分，依
P7～P9畫出口袋袋布。

31 將P1～P0（☆）褶
寬，從脇邊扣除，修
順脇邊線。

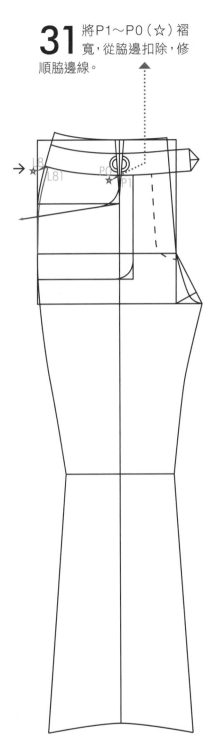

腰帶修正

32 前後片腰帶褶子，紙型合併。上補下
修腰圍線。

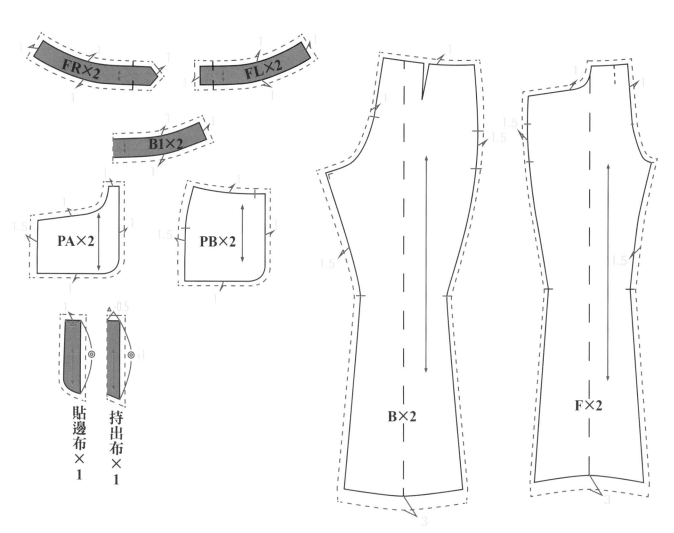

裁片縫份說明

縫製 sewing

材料說明
單幅用布：（褲長＋縫份）×2
雙幅用布：褲長＋縫份
布襯1尺半
普通拉鍊六吋1條
釦子1顆
暗釦1副

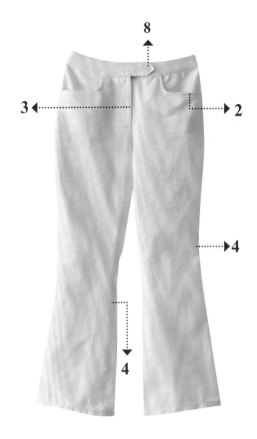

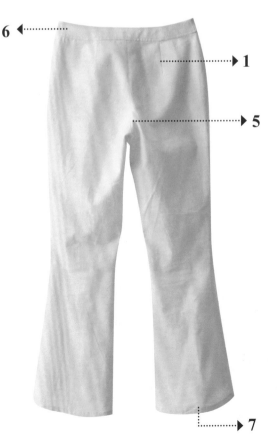

1. 車縫後片褶子。

2. 車縫前片剪接式口袋。

3. 車縫前片拉鍊。

4. 車縫前後脇邊線和股下線。

5. 車縫褲襠線（股上線）。

6. 車縫腰帶。

7. 車縫褲口下襬。

8. 前中心開釦眼、縫釦子，縫暗釦。

七分抽褶褲

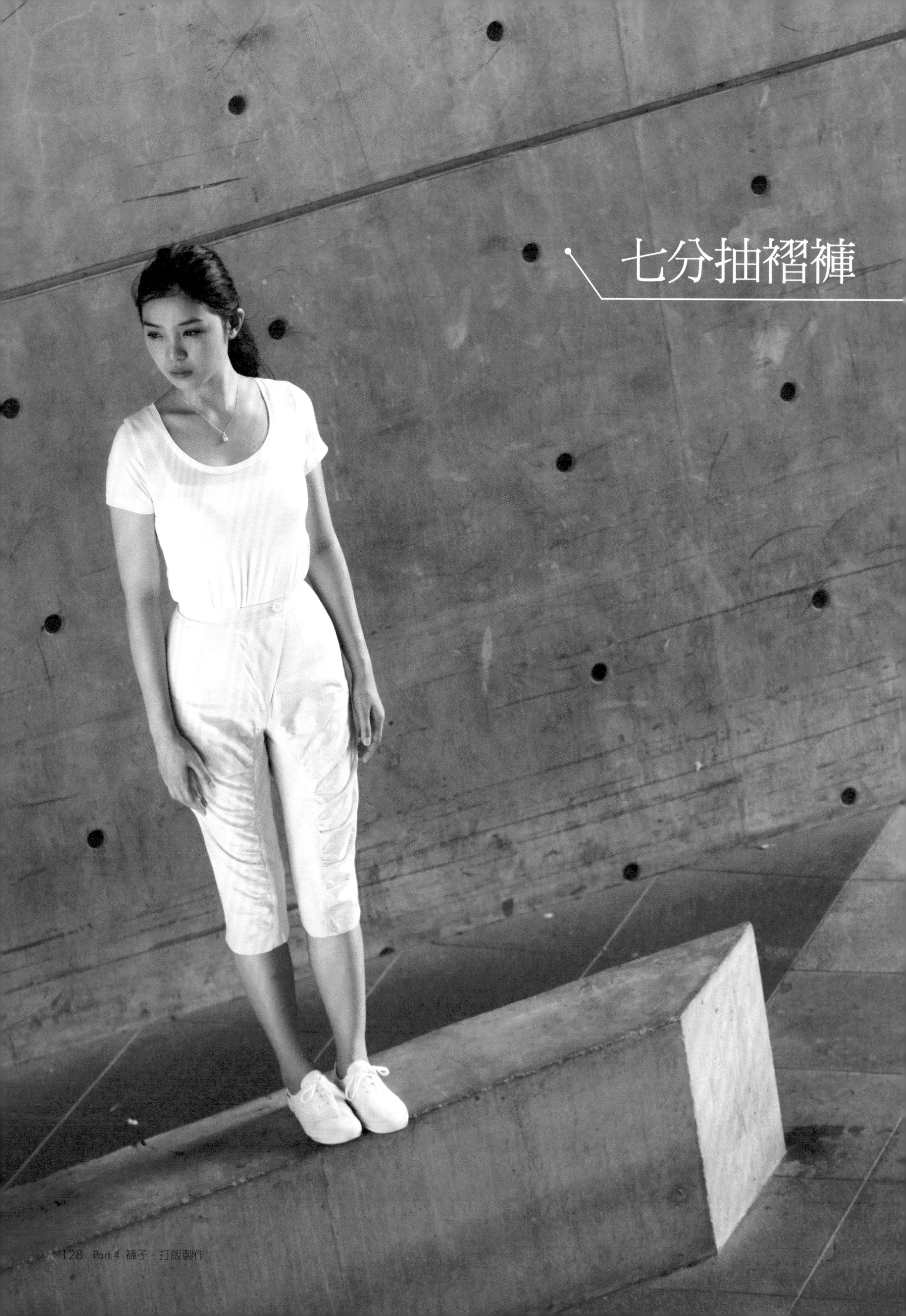

Preview

基本尺寸
腰圍－64 cm
臀圍－90 cm
腰長－18 cm
股上－26 cm
褲長－65 cm
褲口寬－36 cm

版型重點
- 中腰腰帶
- 後片雙絤邊口袋
- 前開不對稱拉鍊設計
- 褲襠剪接抽褶設計

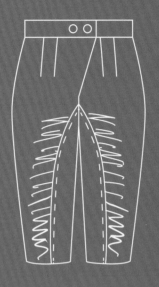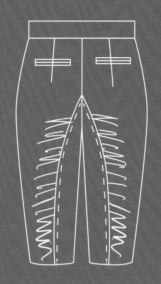

❶ 確認款式
七分抽褶褲。

❷ 量身
褲長、腰長、股上、腰圍、臀圍、褲口寬。

❸ 打版
前片、後片、腰帶、口袋、袋布、拉鍊持出、拉鍊貼邊。

❹ 補正紙型
- 確認前後中心線與腰線要垂直。
- 確認脇邊線和腰線、下襬要垂直。
- 前後褲襠，對合股下線6〜8公分，修順褲襠線。
- 抽褶處展開後，要修順線條。

❺ 整布
使經緯紗垂直，布面平整。

❻ 排版
布面折雙先排前後片再排腰帶、口袋布、拉鍊持出和貼邊布。

❼ 裁布
前外片×2、前內片×2、後外片×2、後內片×2、腰帶×1、袋口絤邊布×2、袋口貼邊布×2、袋布×2、拉鍊持出布×1、拉鍊貼邊布×1。

❽ 做記號
於完成線上做記號或作線釘（腰圍線、脇邊線、下襬線、褲襠線、股下線、口袋位置、中心打牙口、抽褶對合記號點）。

❾ 燙襯
後片袋口位置貼布襯、口袋絤邊布和貼邊布貼襯、拉鍊持出布和貼邊布貼布襯、腰帶貼腰帶襯。

❿ 拷克機縫
前後片脇邊線、股下線、褲襠線、前後片抽褶剪接線車縫後再合拷、口袋車縫後袋布再合拷、拉鍊持出布和貼邊布。

版型製圖步驟

1 自A點（W1～H1）取
腰長18公分，W1～
R1取股上長26公分。

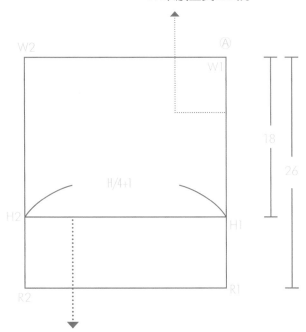

2 自H1取垂直中心線，H1～H2＝
（H/4）＋1＝23.5公分。以H2～
H1寬度畫出垂直線，定出腰線W2，股
上線R2。

POINT｜（H/4）＋1，＋1是臀圍寬份，
依設計決定寬鬆份。

3 將H1～H2均分四等份，一等份為●。
R1～R3＝●－1，再將R3～R2均分二等
份，定R4。

POINT｜R1～R3＝●－1，此為前片股的厚
度，股的厚度和款式、體型有關，款式越寬
鬆或體型偏圓身體型，股的厚度相對較大。

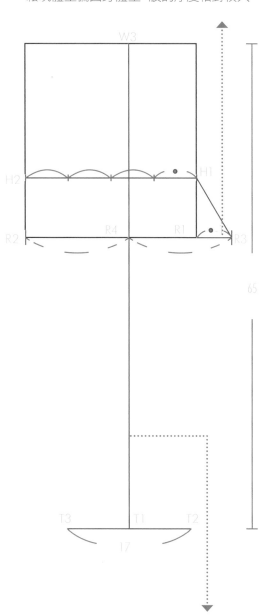

4 以R4定點往上下畫出折山線（即褲管中
心線），自W3～T1＝65公分，T2～T3＝
17公分。

POINT｜W3～T1＝65公分，此款長度約六分
長；T2～T3＝17公分，寬口褲36，36/2-1=17，
為前褲口寬度。

7 W4〜W5＝0.5公分，弧線連接
W5→W7。
POINT｜W5→W7要與前中心線和脇
邊線垂直。

5 W1〜W4＝1公分，直
線連接W4→H1；R1〜
R5均分三等份，弧線連接
H1→R6→R3。弧線連接
R3→T2。

6 自W2〜W6＝2
公分，弧線連接
W6→H2並往上延伸1.2
公分（W7）；弧線連接
H2→T3。

W7　　W3　　W5　1
2→ 1.2
W2　W6　　　　　　　W4　W1

H2　　　　　　　　　H1

R5
R1　R6　R3

65

T3　　　　　T2

8 T2〜T3褲口線條與前股下線和脇
邊線呈垂直。

9 W3～D1＝9公分，D2～D3＝☆，直線連接褶子。

POINT | 在腰上取（W/4）+1＝17，其餘份量均分二等份，一等份為褶寬☆；褶寬（☆）的大小屬於被動褶寬，會因體型而改變，如直筒體型者，褶寬較小，腰細臀大者，褶寬較大。

POINT | 一根褶寬不宜超過3公分。

11 W5～W9＝7公分；垂直前中心線，直線連接W9→H1。

POINT | W5～W9是前片拉鍊不對稱設計重疊的份量，可依設計而調整尺寸。

10 在D3～W7線段上均分二等份（W8），D1至脇邊線也均分二等份（D4），W8～D4＝9公分，D5～D6＝☆，直線連接褶子。

POINT | 二根褶子的位置和褶長會因體型和設計比例而調整。

12 W5～Z1＝3公分，H1～Z2＝1公分，弧線連接Z1→Z2。

POINT | Z1→Z2拉鍊裝飾線。

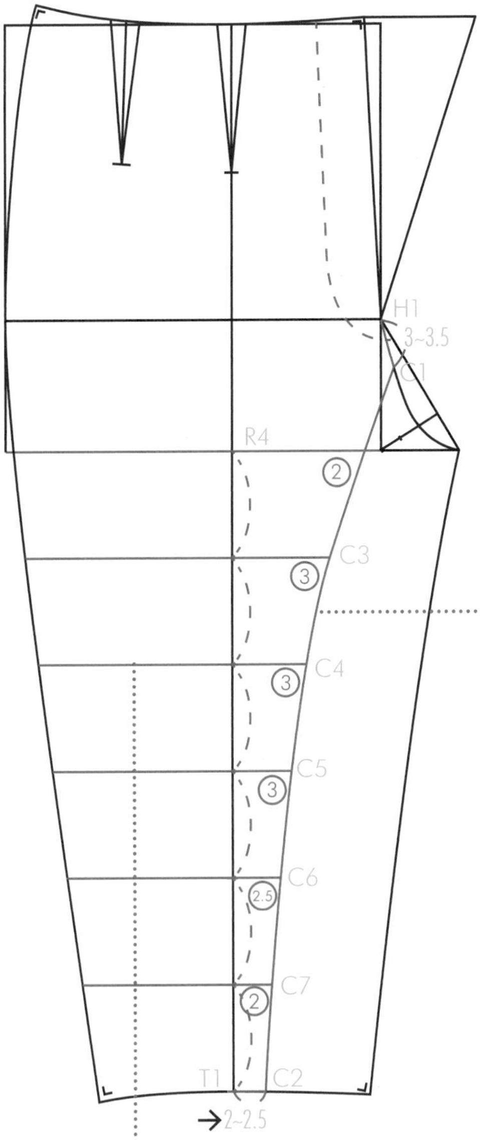

13 H1～C1＝3～3.5公分，T1～C2＝2～2.5公分，弧線連接C1→C2。

POINT | 此弧線剪接位置可依設計而改變。

H1
3～3.5
C1
R4
②
C3 ③
C4 ③
C5 ③
C6 ②.5
C7 ②
T1　C2
→2-2.5

14 R4～T1均分六等份，垂直折山線畫出五條切開線，標上展開尺寸。

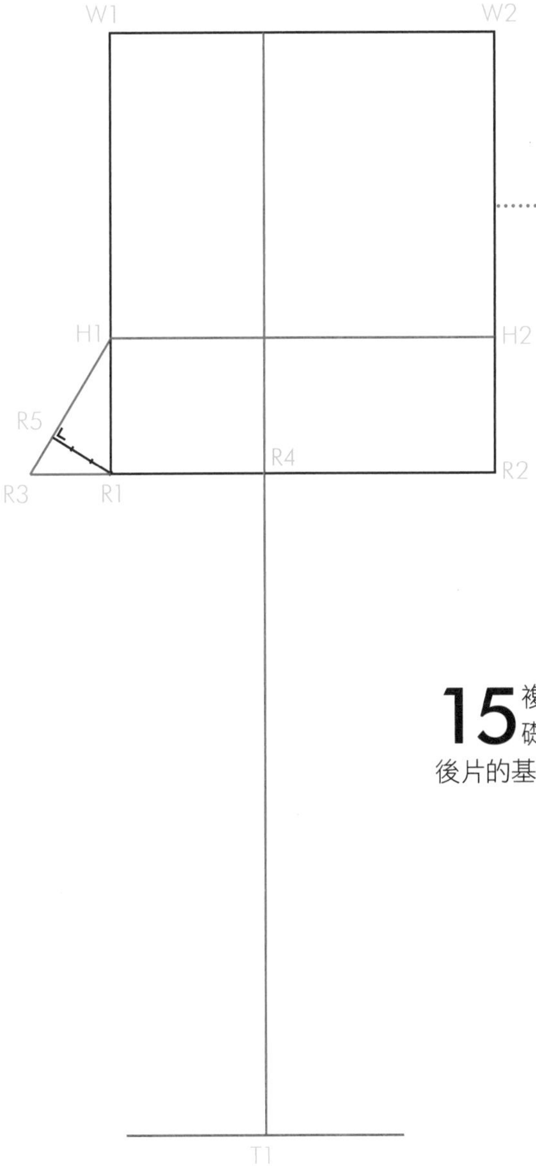

W1　W2
H1　H2
R5
R3　R1　R4　R2
T1

15 複製前片基礎線，做為後片的基礎。

17 W1～W3均分二等份（W9），直線連接W9→R1並延伸過腰圍線3公分（W10），畫垂直線於腰線上。

18 在臀圍線上H3～H4＝3公分，畫垂直線於臀圍線上。

16 R3～R7＝4，R7～R8＝1公分。

POINT | R1～R7，此段為後片股的厚度，因為體型的因素，所以後片比前片大，以增加鬆份。可依體型或設計增減尺寸，如圓身體型大，扁身體型小。

19 弧線連接H4→R6→R8。

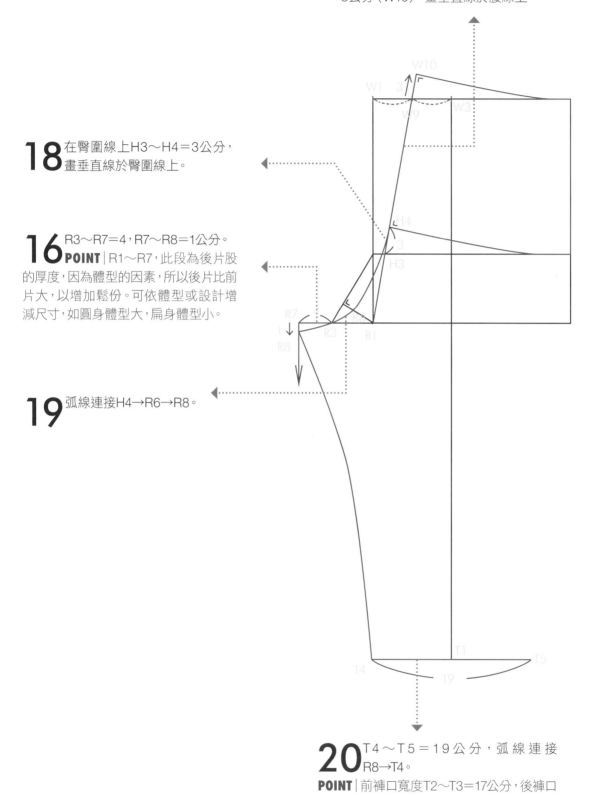

20 T4～T5＝19公分，弧線連接R8→T4。

POINT | 前褲口寬度T2～T3＝17公分，後褲口寬度T4～T5＝19公分，36/2+1=19此款褲口寬一圈為36公分。

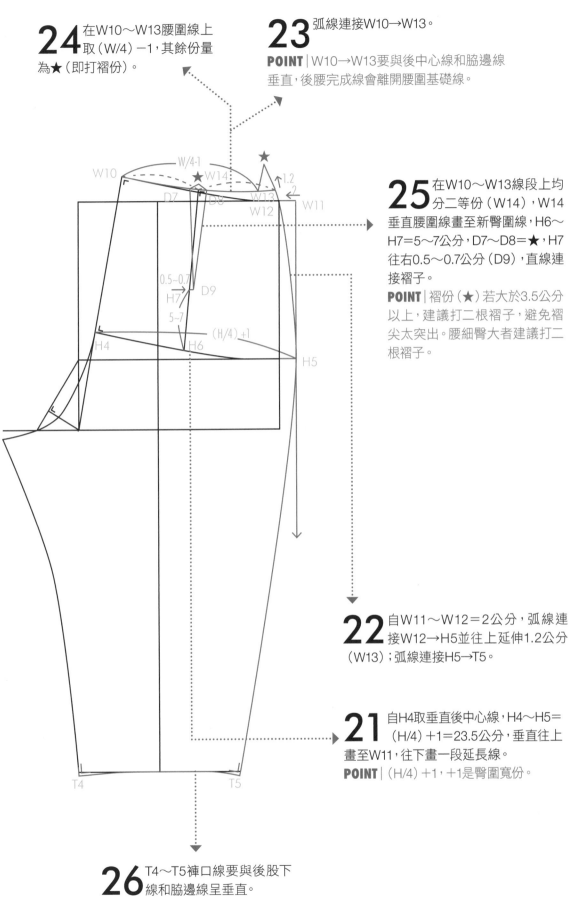

24 在W10～W13腰圍線上取（W/4）−1，其餘份量為★（即打褶份）。

23 弧線連接W10→W13。

POINT | W10→W13要與後中心線和脇邊線垂直，後腰完成線會離開腰圍基礎線。

25 在W10～W13線段上均分二等份（W14），W14垂直腰圍線畫至新臀圍線，H6～H7＝5～7公分，D7～D8＝★，H7往右0.5～0.7公分（D9），直線連接褶子。

POINT | 褶份（★）若大於3.5公分以上，建議打二根褶子，避免褶尖太突出。腰細臀大者建議打二根褶子。

22 自W11～W12＝2公分，弧線連接W12→H5並往上延伸1.2公分（W13）；弧線連接H5→T5。

21 自H4取垂直後中心線，H4～H5＝（H/4）＋1＝23.5公分，垂直往上畫至W11，往下畫一段延長線。

POINT |（H/4）＋1，＋1是臀圍寬份。

26 T4～T5褲口線要與後股下線和脇邊線呈垂直。

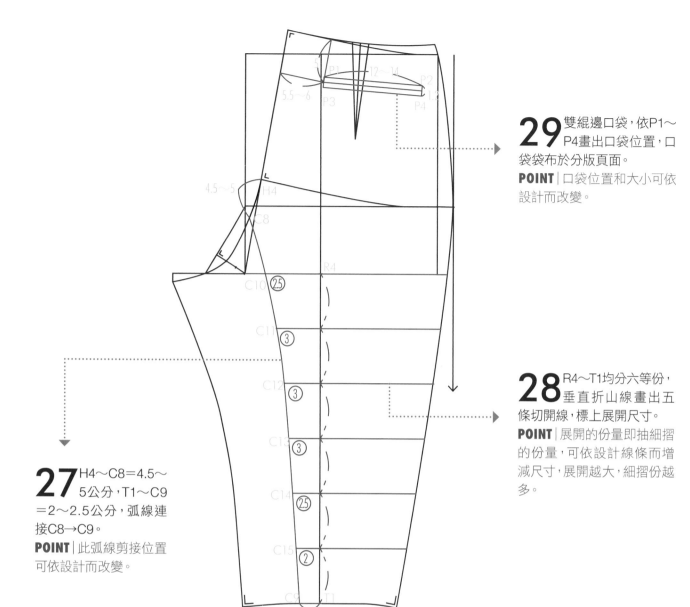

29 雙緄邊口袋，依P1～P4畫出口袋位置，口袋袋布於分版頁面。
POINT｜口袋位置和大小可依設計而改變。

28 R4～T1均分六等份，垂直折山線畫出五條切開線，標上展開尺寸。
POINT｜展開的份量即抽細摺的份量，可依設計線條而增減尺寸，展開越大，細摺份越多。

27 H4～C8＝4.5～5公分，T1～C9＝2～2.5公分，弧線連接C8→C9。
POINT｜此弧線剪接位置可依設計而改變。

30 腰帶。

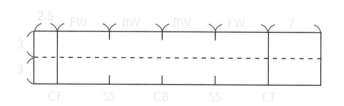

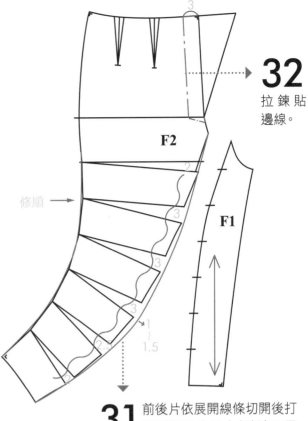

32 拉鍊貼邊線。

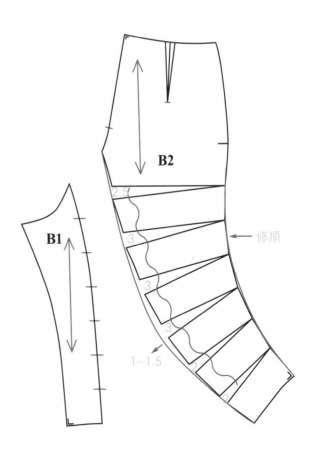

31 前後片依展開線條切開後打開所標示的尺寸（脇邊不展開），再修順脇邊線和剪接線條。

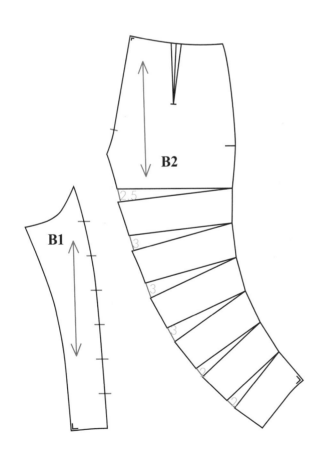

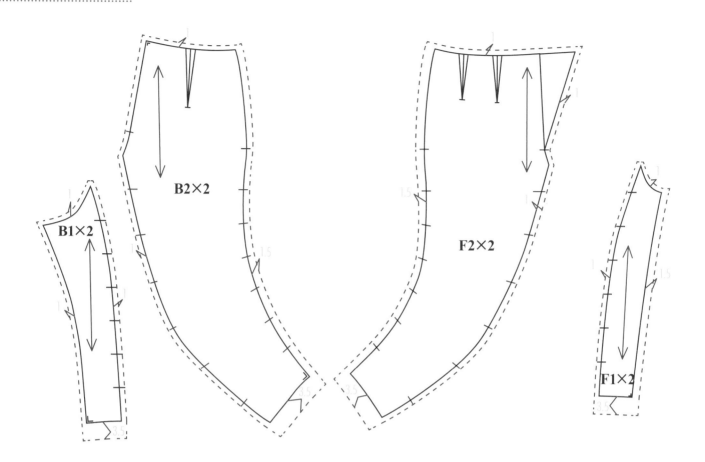

B1×2

B2×2

F2×2

F1×2

口袋緄邊布

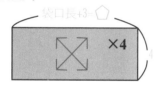

×4

口袋貼邊布

×1

口袋袋布

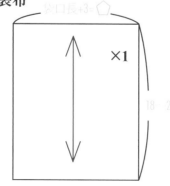

×1

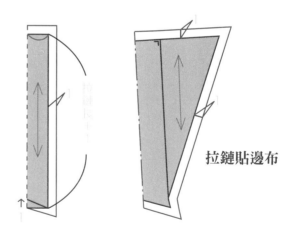

拉鏈貼邊布

腰帶

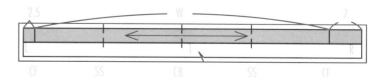

縫製 sewing

材料說明

單幅用布：（褲長＋縫份）×3
雙幅用布：（褲長＋縫份）×1.5
腰帶襯1碼
布襯1尺
普通拉鍊七吋1條
釦子1顆
暗釦1副

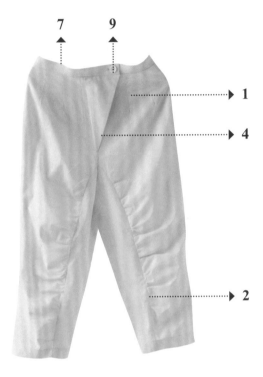

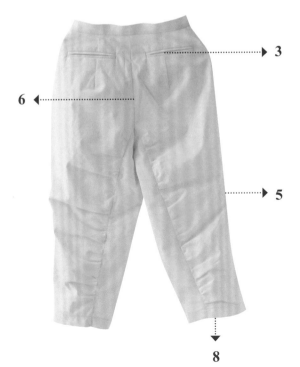

1. 車縫前後片褶子。
2. 車縫前後片剪接抽褶線。
3. 車縫後片雙絸邊口袋。
4. 車縫前片拉鍊。
5. 車縫前後脇邊線和股下線。
6. 車縫褲襠線（股上線）。
7. 車縫腰帶。
8. 車縫褲口下襬。
9. 前中心開釦眼、縫釦子，縫暗扣。

Part 5 / 上衣・打版與製作

新式成人女子原型

進行服裝上衣打版時，必須有一個基本的底型做為平面打版製圖的基礎，這個底型稱為原型。原型基本上就是把立體的人體表皮平面展開後，加上基本寬鬆量而構成服裝的基本底型。換句話說，就是將複雜而立體的人體服裝，使之平面而簡單化。只要掌握了應用原型的方法，無論何種類別的服裝（內衣、洋裝、外套），無論何種造型的服裝（從最緊身的到最寬鬆的），均可使用原型來進行打版與設計。

一個好的原型必須具備下列條件：

1. 製圖的方法簡單易記。

2. 合身度高。

3. 具備機能性。

依照年齡性別之不同，服裝原型可分為婦女、男子、兒童等原型。而依據人體部位之不同，原型又可分為上半身、手臂及下半身等部位之原型。

• 原型的製圖

人體上半身的原型，是以胸圍與背長尺寸換算而來。胸圍是人體上半身重要的尺寸，因此以胸圍統計公式換算各部位的尺寸所得的結果與人體上半身的合身度較高。但由於各部份的尺寸不一定與胸圍尺寸成比例，所以原型的製圖上是以胸圍換算出來的尺寸加以增減變化，希望可以取得更精準的比例。

另外，因婦女服裝的右衣身在上面，為方便繪製設計線，均以右半身為基礎。

• 褶的份量與分割

在繪製人體上身的原型時，已在胸圍尺寸上加入必要的寬份，但由於人體上身有胸部和肩胛骨的突出部分與腰部的凹陷部分，如果僅以平面的製圖將會產生多餘的份量，使原型無法符合人體的線條。因此必須將胸圍與腰圍之差，多餘的份量利用褶子的分割來轉移調整，使原型達到合身的目的。

• 配合設計的褶子處理法

褶子的目的是要使打版合身，所以褶子必須依照設計的款式需求、使用的布料特性、布料圖案等條件，設置於效果良好的部位。以上身來說，褶子處理的重點通常是前衣身的胸褶部位，而在後衣身、袖子與裙子等也常需要做褶子的處理。

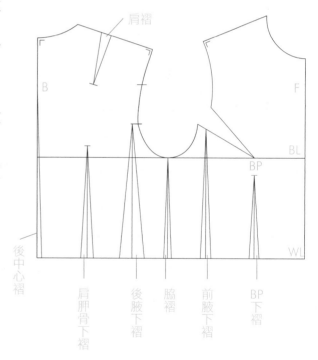

···········｜ 新式成人女子原型打版

基本尺寸

胸圍—83cm

腰圍—64cm

背長—38cm

＊各公式尺寸可參考P150、P151。

―― 上衣

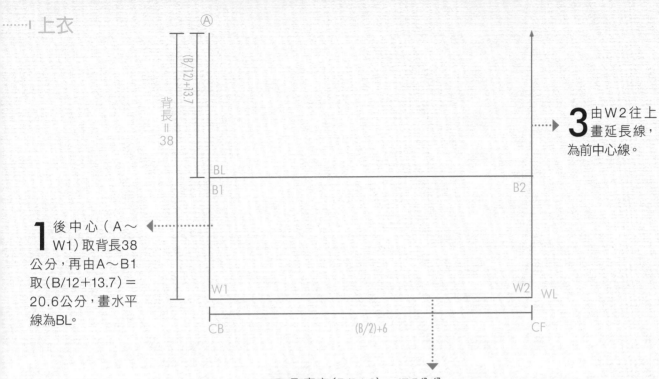

1 後中心（A～W1）取背長38公分，再由A～B1取（B/12＋13.7）＝20.6公分，畫水平線為BL。

3 由W2往上畫延長線，為前中心線。

2 取寬度（B/2＋6）＝47.5公分。
POINT｜（B/2＋6），＋6為半身衣服的寬鬆份，所以原型衣在未打褶子的狀況下，一整圈的胸圍寬鬆份是12公分。（日後打版以此為依據，將尺寸增減即可打版出適合各款式的寬鬆度。）

5 由後中心B1取背寬（B/8＋7.4）＝17.8公分，垂直BL往上畫出背寬線。

6 由前中心B2取胸寬（B/8＋6.2）＝16.6公分，垂直BL往上畫出胸寬線。

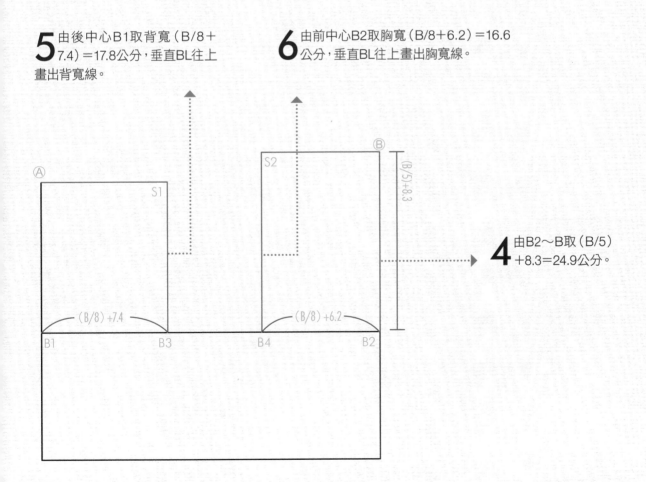

4 由B2～B取（B/5）＋8.3＝24.9公分。

9 A～E1＝8公分，畫垂直線至E2；E1～E2
均分二等份，E3往右1公分定E點。

POINT | E點為打肩褶的褶尖點。

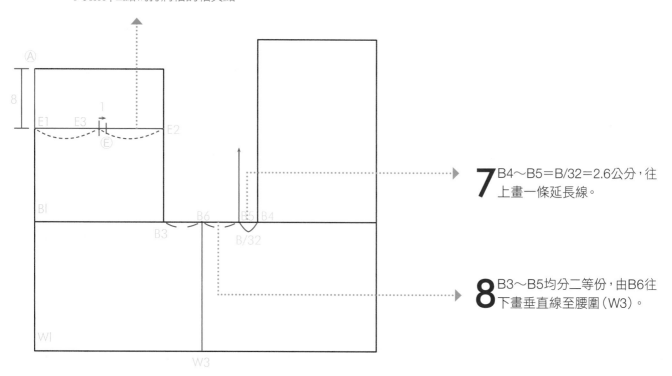

7 B4～B5＝B/32＝2.6公分，往
上畫一條延長線。

8 B3～B5均分二等份，由B6往
下畫垂直線至腰圍（W3）。

10 E2～B3均分二等份，再由
G1往下0.5公分，G2畫垂
直線至G3。

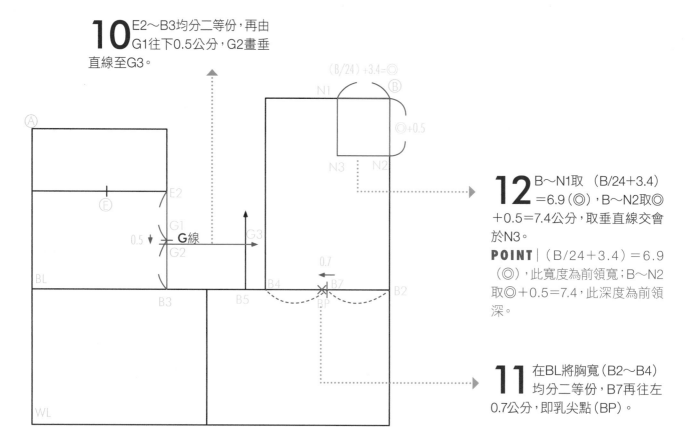

12 B～N1取 （B/24＋3.4）
＝6.9（◎），B～N2取◎
＋0.5＝7.4公分，取垂直線交會
於N3。

POINT | （B/24＋3.4）＝6.9
（◎），此寬度為前領寬；B～N2
取◎＋0.5＝7.4，此深度為前領
深。

11 在BL將胸寬（B2～B4）
均分二等份，B7再往左
0.7公分，即乳尖點（BP）。

14.
A～N5＝◎＋0.2＝7.1公分（後領寬），均分三等份，一等份為
●；N5～N7＝●（後領深），弧線連接N7→N6，即後領圍線。

POINT 因為脖子向前傾，故後領寬比前領寬大，前領深比後領深長。

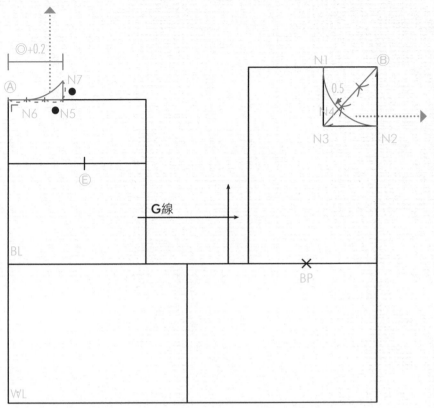

13.
直線連接B→N3，均分三等份，2/3處往下0.5公分（N4），弧線連接N1→N4→N2。即前領圍線。

15.
N1取水平線8公分至Z1，Z1～Z2＝3.2公分，直線連接N1→Z2延長取至胸寬線外1.8公分（Z3）。

POINT N1～Z3為前肩寬（⊕），前肩的斜度約22度，所以取N1～Z1＝8，Z1～Z2＝3.2。

16.
N7.取水平線8公分至Z4，Z4～Z5＝2.6公分，直線連接N7→Z5延長取⊕＋（B/32−0.8）至Z6。

POINT （1）N7～Z6為後肩線，因為後背有肩胛骨，故後肩線以（B/32−0.8）＝1.8公分做為後肩寬的縮份或尖褶份，使後背增加立體感。（2）後肩的斜度約18度，所以取N7～Z4＝8，Z4～Z5＝2.6，為肩的斜度。斜肩體型斜度大，平肩體型斜度小，可以此做補正。

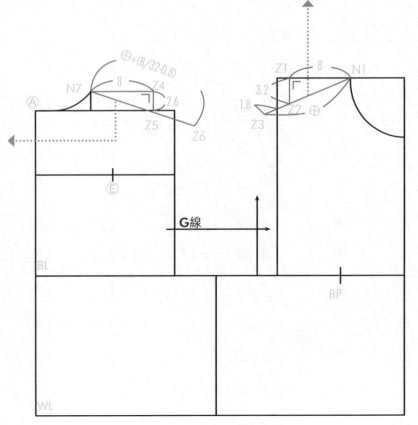

18

弧線連接Z6→G2→G4→B6→G5→G3。

POINT｜Z6→G2→G4→B6為後袖襱（BAH）。

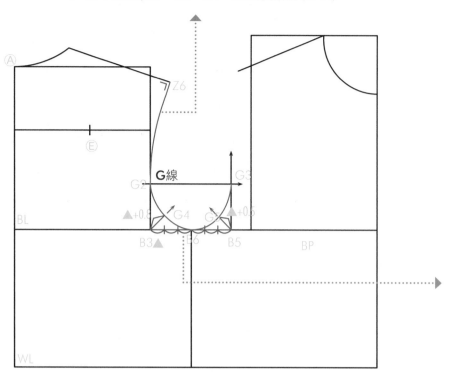

17

B3～B6＝B6～B5，均分三等份，一等份為▲，由B3點45度往上▲＋0.8公分（G4），B5點45度往上▲＋0.5公分（G5）。

POINT｜以上尺寸皆為袖襱的參考點。

20

取E點垂直延長線，交會於肩線E4，E4～E5＝1.5公分，E5～E6＝B/32－0.8＝1.8公分（褶份），直線連接E→E5，E→E6。

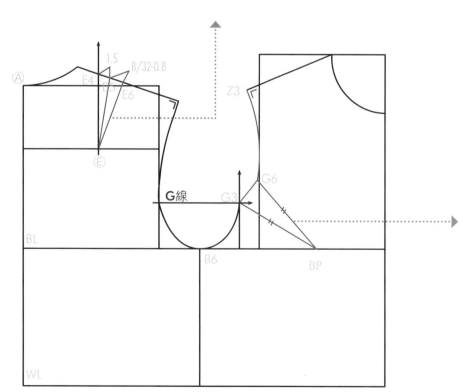

19

直線連接G3～BP，取G3～G6＝3.7公分，G3～BP＝G6～BP，弧線連接Z3→G6。

POINT｜扣除胸褶後，Z3→G6，G3→B6為前袖襱（FAH）。前後袖襱線須與肩線成垂直，袖襱下方成U型。G3～G6＝3.7公分，請參考P150胸褶份尺寸。

21 根據衣身寬和腰圍尺寸，計算出褶份大小（請參考圖P150）：

a褶－在BP下方2～3公分，取a褶寬（1.75）。

b褶－在B4點向前中心1.5公分取b褶寬（1.875）。

c褶－在協邊線B6點下取c褶寬（1.375）。

d褶－G2點向後中心1公分取d褶寬（4.375）。

e褶－在E點向後中心0.5公分取e褶寬（2.250），褶長至胸圍線上2公分。

f褶－在E1點往腰線取f褶寬（0.875）。

POINT | 胸圍和腰圍尺寸相差越多，其腰間褶份尺寸會越大；反之，胸圍和腰圍尺寸相差越少，其腰間褶份尺寸會越小。

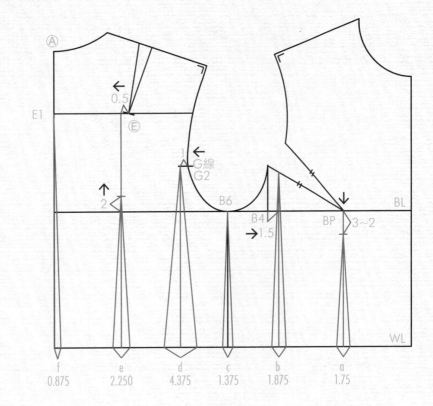

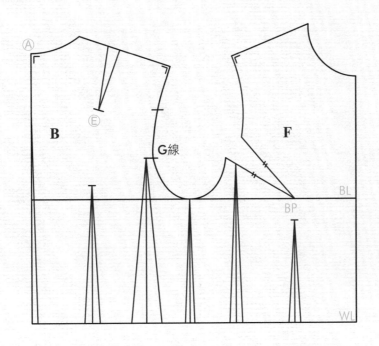

22 完成。

袖子是根據前後衣身的基礎線來繪製，所以在畫袖子前要先描繪基礎線，衣身的胸圍線當袖寬線，脇邊線當袖中心線。

基本尺寸

袖長（S）－54 cm
量衣身上的袖襱：
前袖襱（FAH）≒20.5 cm
後袖襱（BAH）≒21.5 cm
（以實際畫完量取後的尺寸為主，通常後＞前）

2 在後肩線Z6和前肩線Z3，畫出水平延長線。

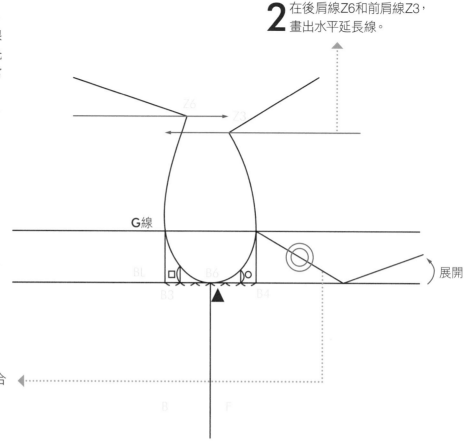

1 壓ＢＰ合併胸褶。

3 將袖中心線（衣身脇邊線）往上畫延長線，將前後肩線Z6～Z3的高度差均分二等份（S1），將S1～B6均分六等份，取5/6當袖山高（S2）。
POINT｜袖山高與袖寬線的關係：袖山高越高，袖寬較窄，屬合身袖型。袖山高較低，袖寬較大，屬於寬鬆袖型。

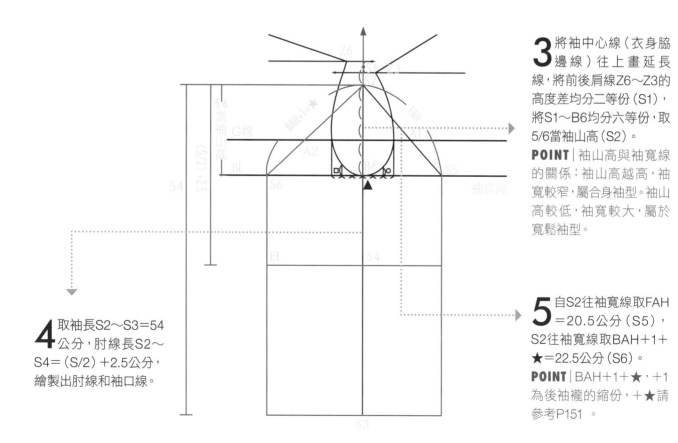

4 取袖長S2～S3＝54公分，肘線長S2～S4＝（S/2）＋2.5公分，繪製出肘線和袖口線。

5 自S2往袖寬線取FAH＝20.5公分（S5），S2往袖寬線取BAH＋1＋★＝22.5公分（S6）。
POINT｜BAH＋1＋★，＋1為後袖襱的縮份，＋★請參考P151。

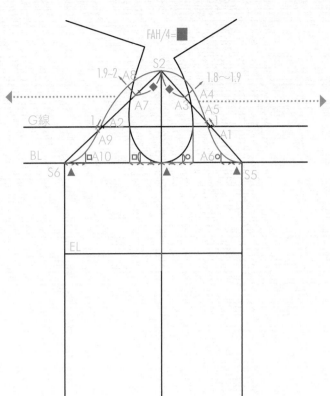

7 自S2～A7取一等份■，A7垂直往外取1.9～2公分（A8），G線上的A2往下1公分（A9），S6往袖中心取二等份▲，在垂直往上一等份□（A10），弧線連接S2→A8→A9→A10→S6。即為後袖襱。

6 將前袖襱均分4等份，一等份為■，S2～A3＝■，A3～A4＝1.8～1.9公分。G線上的A1往上1公分（A5），S5往袖中心取二等份▲，再垂直往上一等份○（A6），弧線連接S2→A4→A5→A6→S5。即為前袖襱。

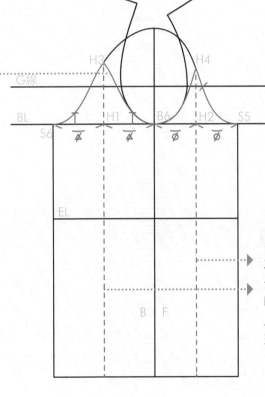

9 將H3～S6和H4～S5對印至H3～B6和H4～B6，對合袖下線條是否一致。

8 將B6～S6均分二等份，中心點為H1。將B6～S5均分二等份，中心點為H2。垂直袖寬線往上畫至袖襱線，往下畫至袖口線。

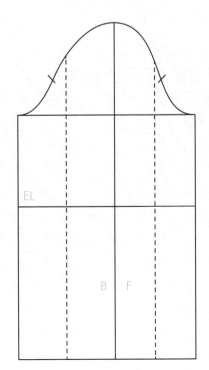

10 完成。

（單位：公分）胸褶＝$(B/4\text{-}2.5)°$＝$(B/12\text{-}3.2)$

B	77	78	79	80	81	82	83	84	85	86	87	88	89	90
胸褶份	3.2	3.3	3.4	3.5	3.6	3.6	3.7	3.8	3.9	4.0	4.1	4.1	4.2	4.3
B	91	92	93	94	95	96	97	98	99	100	101	102	103	104
胸褶份	4.4	4.5	4.6	4.6	4.7	4.8	4.9	5.0	5.1	5.1	5.2	5.3	5.4	5.5

灰底為基本尺寸。

各褶量尺寸參考

（單位：公分）

腰褶總份量	f	e	d	c	b	a
100%	7%	18%	35%	11%	15%	14%
9	0.630	1.620	3.150	0.990	1.350	1.260
10	0.700	1.800	3.500	1.100	1.500	1.400
11	0.770	1.980	3.850	1.210	1.650	1.540
12	0.840	2.160	4.200	1.320	1.800	1.680
12.5	0.875	2.250	4.375	1.375	1.875	1.750
13	0.910	2.340	4.550	1.430	1.950	1.820
14	0.980	2.520	4.900	1.540	2.100	1.960
15	1.050	2.700	5.250	1.650	2.250	2.100

總褶量：衣身寬－（W/2＋3），再依各部位比例計算褶份。

灰底為基本尺寸。

（單位：公分）

	衣寬	A～BL	背寬	BL～B	胸寬	B/32	前領寬	前領深	胸褶	後領寬	肩褶	★
	B/2 +6	B/12 +13.7	B/8 +7.4	B/5 +8.3	B/8 +6.2	B/32	B/24 +3.4=D	D+0.5	(B/4- 2.5)°	D+0.2	B/32 -0.8	★
77	44.5	20.1	17.0	23.7	15.8	2.4	6.6	7.1	16.8	6.8	1.6	0.0
78	45.0	20.2	17.2	23.9	16.0	2.4	6.7	7.2	17.0	6.9	1.6	0.0
79	45.5	20.3	17.3	24.1	16.1	2.5	6.7	7.2	17.3	6.9	1.7	0.0
80	46.0	20.4	17.4	24.3	16.2	2.5	6.7	7.2	17.5	6.9	1.7	0.0
81	46.5	20.5	17.5	24.5	16.3	2.5	6.8	7.3	17.8	7.0	1.7	0.0
82	47.0	20.5	17.7	24.7	16.5	2.6	6.8	7.3	18.0	7.0	1.8	0.0
83	47.5	20.6	17.8	24.9	16.6	2.6	6.9	7.4	18.3	7.1	1.8	0.0
84	48.0	20.7	17.9	25.1	16.7	2.6	6.9	7.4	18.5	7.1	1.8	0.0
85	48.5	20.8	18.0	25.3	16.8	2.7	6.9	7.4	18.8	7.1	1.9	0.1
86	49.0	20.9	18.2	25.5	17.0	2.7	7.0	7.5	19.0	7.1	1.9	0.1
87	49.5	21.0	18.3	25.7	17.1	2.7	7.0	7.5	19.3	7.2	1.9	0.1
88	50.0	21.0	18.4	25.9	17.2	2.8	7.1	7.6	19.5	7.2	2.0	0.1
89	50.5	21.1	18.5	26.1	17.3	2.8	7.1	7.6	19.8	7.3	2.0	0.1
90	51.0	21.2	18.7	26.3	17.5	2.8	7.2	7.7	20.0	7.3	2.0	0.2
91	51.5	21.3	18.8	26.5	17.6	2.8	7.2	7.7	20.3	7.4	2.0	0.2
92	52.0	21.4	18.9	26.7	17.7	2.9	7.2	7.7	20.5	7.4	2.1	0.2
93	52.5	21.5	19.0	26.9	17.8	2.9	7.3	7.8	20.8	7.4	2.1	0.2
94	53.0	21.5	19.2	27.1	18.0	2.9	7.3	7.8	21.0	7.5	2.1	0.2
95	53.5	21.6	19.3	27.3	18.1	3.0	7.4	7.9	21.3	7.5	2.2	0.3
96	54.0	21.7	19.4	27.5	18.2	3.0	7.4	7.9	21.5	7.6	2.2	0.3
97	54.5	21.8	19.5	27.7	18.3	3.0	7.4	7.9	21.8	7.6	2.2	0.3
98	55.0	21.9	19.7	27.9	18.5	3.1	7.5	8.0	22.0	7.7	2.3	0.3
99	55.5	22.0	19.8	28.1	18.6	3.1	7.5	8.0	22.3	7.7	2.3	0.3
100	56.0	22.0	19.9	28.3	18.7	3.1	7.6	8.1	22.5	7.8	2.3	0.4
101	56.5	22.1	20.0	28.5	18.8	3.2	7.6	8.1	22.8	7.8	2.4	0.4
102	57.0	22.2	20.2	28.7	19.0	3.2	7.7	8.2	23.0	7.9	2.4	0.4
103	57.5	22.3	20.3	28.9	19.1	3.2	7.7	8.2	23.3	7.9	2.4	0.4
104	58.0	22.4	20.4	29.1	19.2	3.3	7.7	8.2	23.5	7.9	2.5	0.4

灰底為基本尺寸。

column 衣褶轉移應用

轉胸褶至下襬

壓B點將袖襱胸褶a往上移動至a1，胸褶轉移至脇邊下襬。

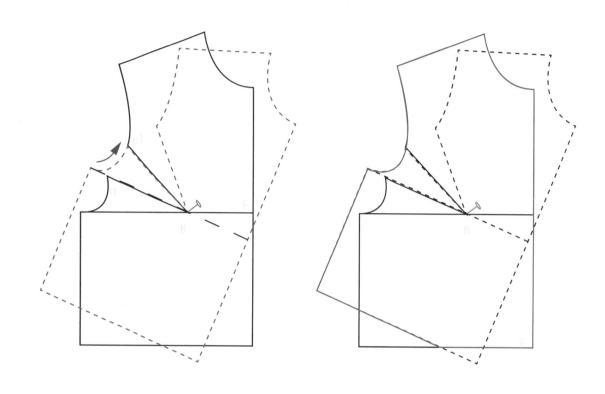

轉肩褶至袖襱

壓a點將肩褶a1往左移動至a2，肩褶轉移至袖襱A1～A2。

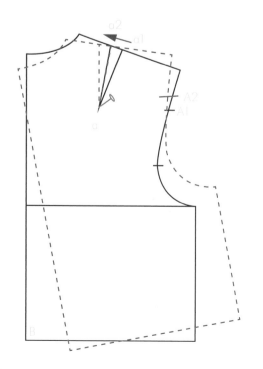
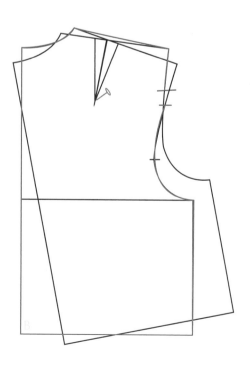

轉前腋下褶至袖襱

壓A1點將前腋下褶a1往前中心移動至a2，前腋下褶轉移至前袖襱A1～A2。

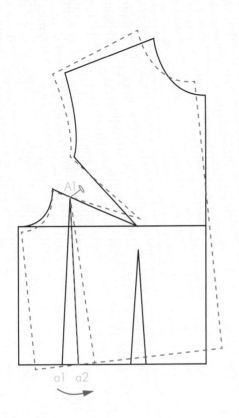
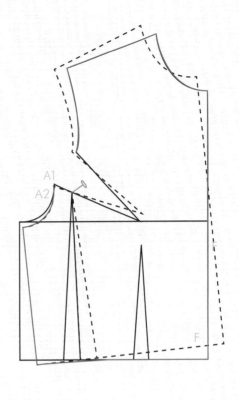

column衣褶轉移應用

轉後腋下褶至袖襱

壓A1點後腋下褶a1往後中心移動至a2，後腋下褶轉移至後袖襱A1～A2。

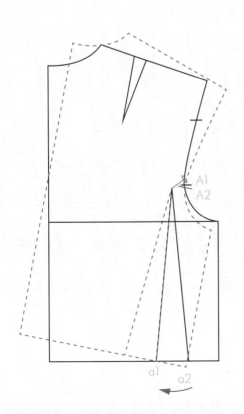
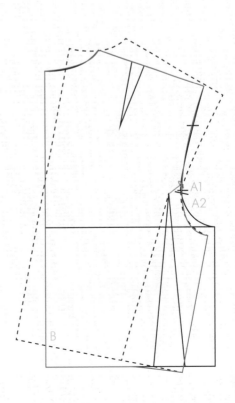

前片領口細褶

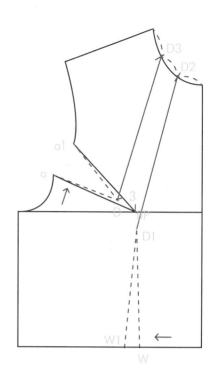

1 胸褶離開BP 3
公分，直線連至
a和a1，前領口均分
三等份，直線連接
D2→D1，D3→D。

2 剪開D2→D1，D3→D，並
折疊a→a1，W→W1。

3 領口往上增加細褶泡份
1～1.5公分並修順袖襱
線和腰線，即完成。

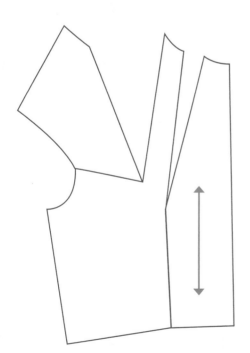

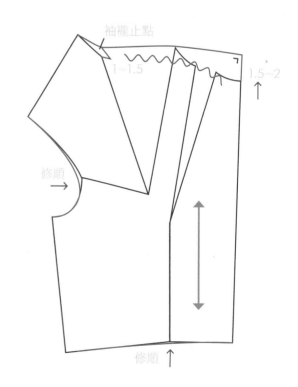

前片肩襠抽皺

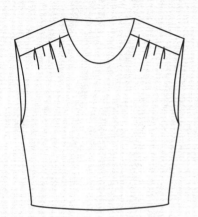

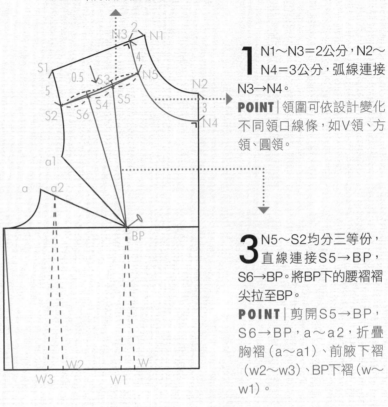

2 N3〜N5＝4公分，S1〜S2＝5公分，直線連接N5→S2；N5〜S2均分二等份（S3），S3下降0.5公分（S4），弧線連接N5→S4→S2。

POINT | 肩襠剪接線可依設計畫出不同線條。

1 N1〜N3＝2公分，N2〜N4＝3公分，弧線連接N3→N4。

POINT | 領圍可依設計變化不同領口線條，如V領、方領、圓領。

3 N5〜S2均分三等份，直線連接S5→BP，S6→BP。將BP下的腰褶褶尖拉至BP。

POINT | 剪開S5→BP，S6→BP，a〜a2，折疊胸褶（a〜a1）、前腋下褶（w2〜w3）、BP下褶（w〜w1）。

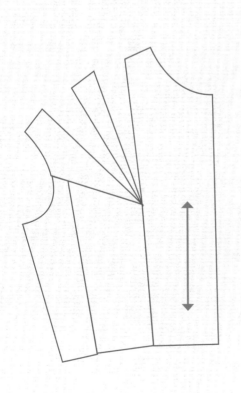

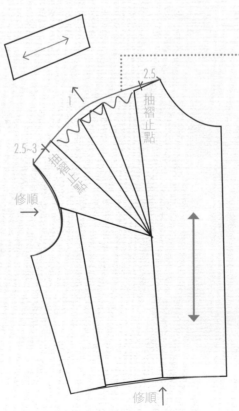

4 胸褶和腰褶折疊後的線條要修順，展開後的細褶份，往上1公分增加泡份。

POINT | 將胸褶和BP下褶轉至肩襠處當碎褶份。

公主線

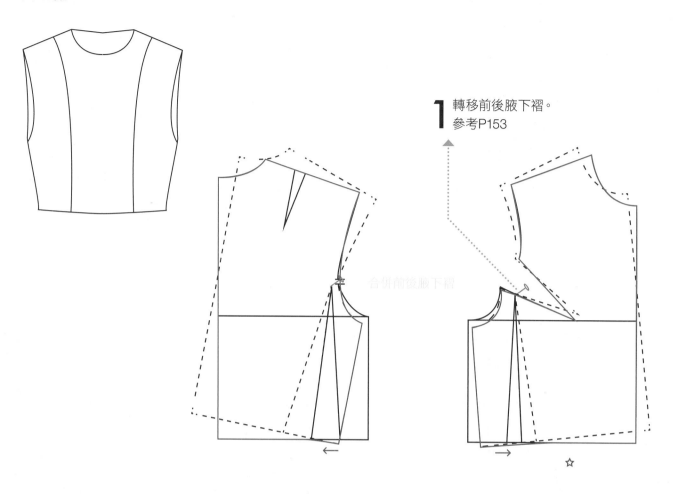

1 轉移前後腋下褶。
參考P153

合併前後腋下褶

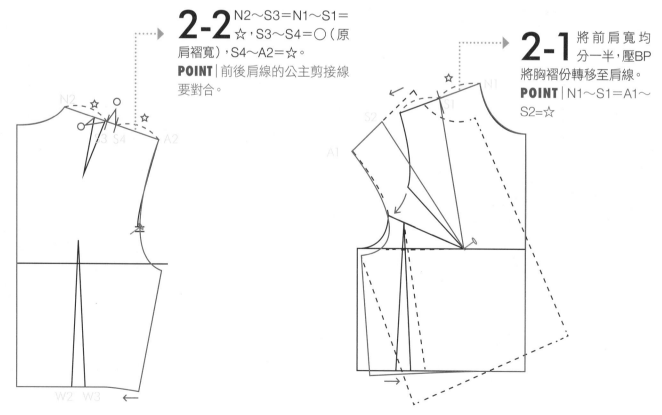

2-2 N2～S3＝N1～S1＝☆，S3～S4＝○（原肩褶寬），S4～A2＝☆。
POINT｜前後肩線的公主剪接線要對合。

2-1 將前肩寬均分一半，壓BP將胸褶份轉移至肩線。
POINT｜N1～S1＝A1～S2＝☆

3-1 以S1、S2的前肩褶寬，和W、W1的腰褶寬為基礎，弧線連接公主線。

POINT｜此公主線條要與肩線和下襬呈垂直；BP上下約2〜3公分線條要接合，以免扣除胸圍基本的鬆份，亦可因設計扣除多餘的鬆份。

POINT｜公主線條要修順，也可將腰褶往前中心移動，看起來更顯瘦。

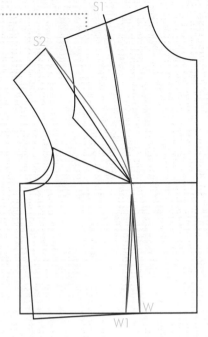

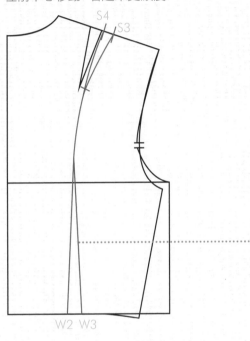

3-2 以S4、S3的後肩褶寬，和W2、W3的腰褶寬為基礎，弧線連接公主線。

POINT｜此公主線條要與肩線和下襬呈垂直；後肩褶點下約4〜5公分線條要接合，以免扣除背寬基本的鬆份。

4 分版完成。

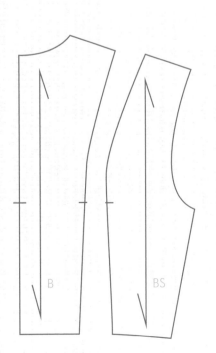

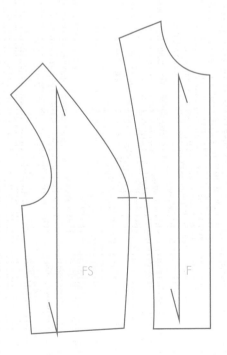

菱形剪接線

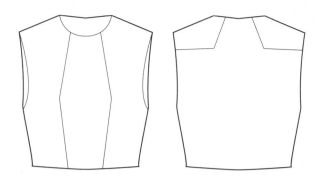

1 轉移前後腋下褶。

壓前後腋下褶尖點

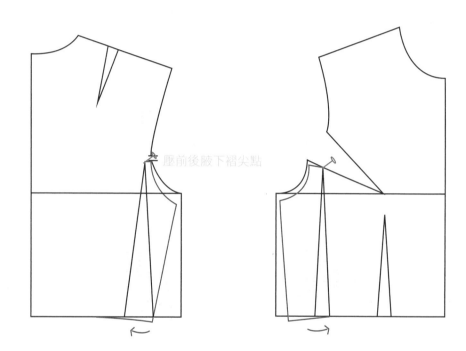

2-2 將後領口均分三等份,壓褶尖點(D)將1/2肩褶(S1〜S3)轉移至後領口2/3處(N1〜N2)。

N2 N1 S3 合併1/2肩褶
S1 S2
D

2-1 將前領口均分三等份,壓BP將胸褶轉移至領口1/3處(N3)。

N3
a1
壓BP轉至領褶
a

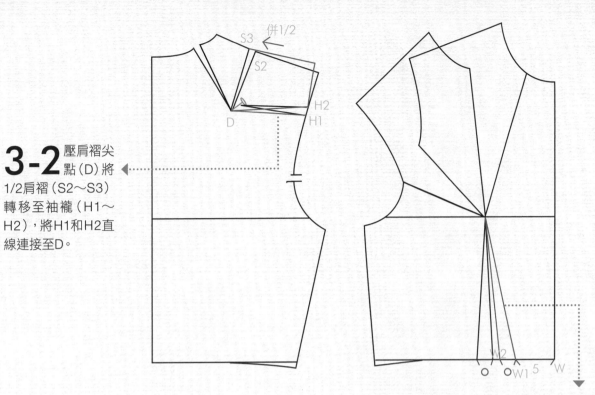

併1/2

S3
S2
H2
H1
D

W2
W1 5 W

3-2 壓肩褶尖
點（D）將
1/2肩褶（S2～S3）
轉移至袖襱（H1～
H2），將H1和H2直
線連接至D。

3-1 W～W1＝5公分，W1～W2＝
○（原BP下腰褶寬），將W1
和W2直線連接至BP。
POINT｜移動BP下的腰褶，使前片菱形剪
接線條更明顯。

4 分版完成。

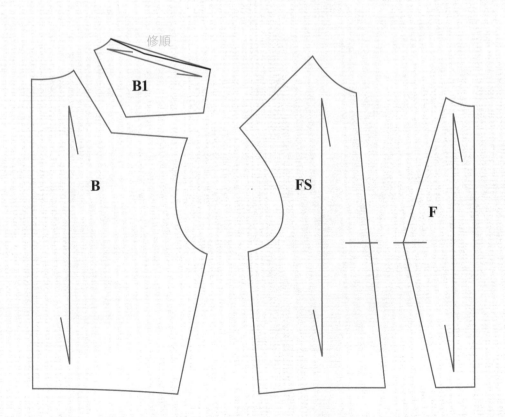

修順

B1

B

FS

F

人字抽皺剪接

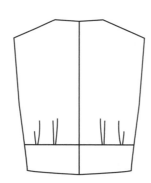

1 B1～C1＝3公分，W1～C2＝5～7公分，弧線連接C1→C2（要與後中心垂直）。BP垂直往下畫至剪接線，肩點（S3）垂直往下畫至剪接線。

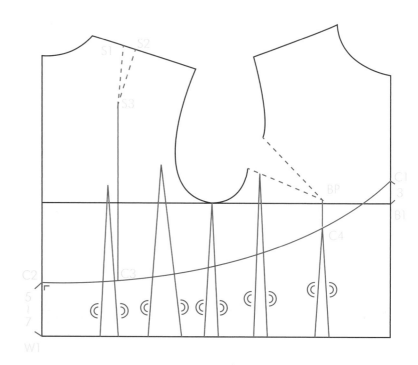

2-1 折疊剪開。剪開C1～C2，C1～C2剪接線以下的褶子皆要合併並修順線條。

2-2 前片胸褶和後片肩褶合併，剪開線為BP～C4、S3～C3。

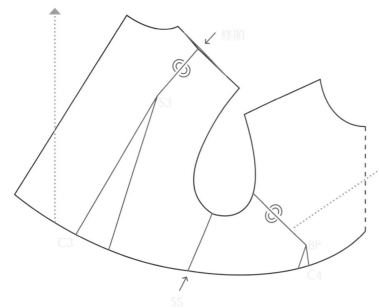

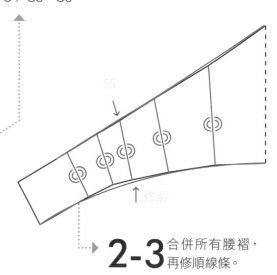

2-3 合併所有腰褶，再修順線條。

$$\frac{A\text{-}B}{褶數} = \frac{A\text{-}B}{2} = ☆$$

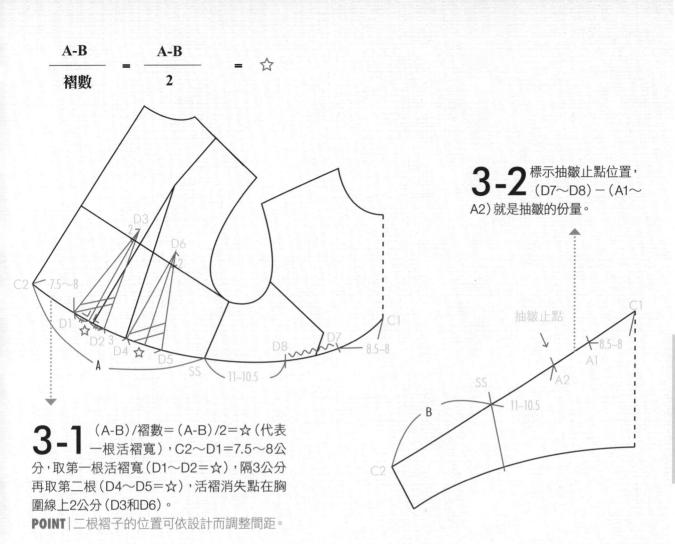

3-2 標示抽皺止點位置，（D7～D8）－（A1～A2）就是抽皺的份量。

3-1 （A-B）/褶數＝（A-B）/2＝☆（代表一根活褶寬），C2～D1＝7.5～8公分，取第一根活褶寬（D1～D2＝☆），隔3公分再取第二根（D4～D5＝☆），活褶消失點在胸圍線上2公分（D3和D6）。
POINT｜二根褶子的位置可依設計而調整間距。

4 分版完成。

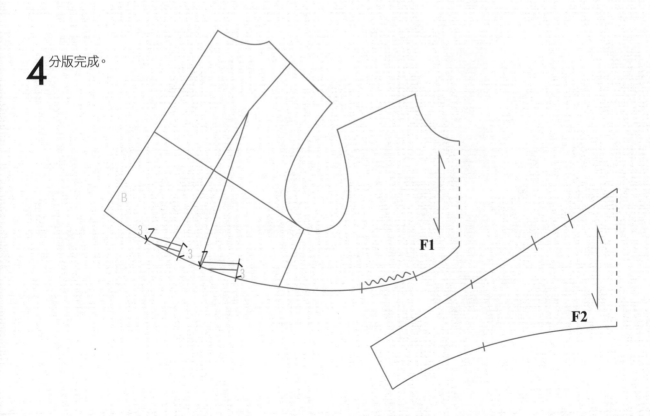

不對稱弧線剪接

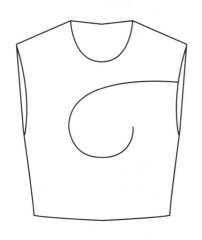

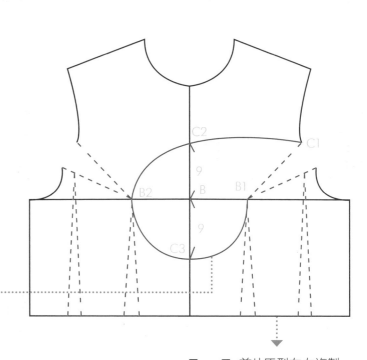

1-2 B～C2＝B～C3＝
9公分，弧線連接
C1→C2→B2→C3→B1

1-1 前片原型左右複製。
POINT | 做不對稱設計時，
第一步驟就是完整描繪左右片。

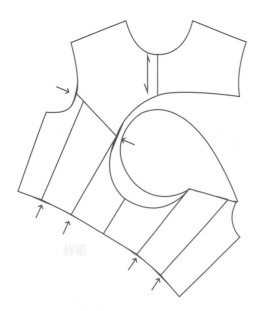

2 切開剪接線，合併所有
褶子，並修順線條。

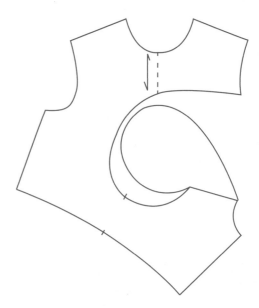

3 分版完成。

不對稱檔布放射狀活褶設計

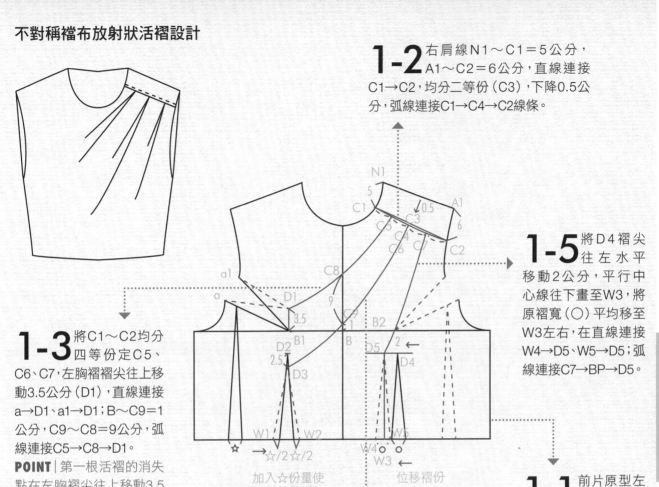

1-2 右肩線N1～C1＝5公分，A1～C2＝6公分，直線連接C1→C2，均分二等份（C3），下降0.5公分，弧線連接C1→C4→C2線條。

1-5 將D4褶尖往左水平移動2公分，平行中心線往下畫至W3，將原褶寬（○）平均移至W3左右，在直線連接W4→D5、W5→D5；弧線連接C7→BP→D5。

1-1 前片原型左右複製。

1-3 將C1～C2均分四等份定C5、C6、C7，左胸褶褶尖往上移動3.5公分（D1），直線連接a→D1、a1→D1；B～C9＝1公分，C9～C8＝9公分，弧線連接C5→C8→D1。
POINT｜第一根活褶的消失點在左胸褶尖往上移動3.5公分處，可依設計改變消失點位置。

1-4 將左邊的腋下褶寬度（☆）轉移至左邊BP下的腰褶內，褶尖（D2）下降2.5公分（D3），直線連接 W1→D3、W2→D3；弧線連接C6→C9→D3。
POINT｜將左邊的腋下褶寬度（☆）轉移至左邊BP下的腰褶內，目的是要將第二根活褶的份量加大，亦可依設計來調整活褶大小。

2-1 剪開剪接線，折疊褶子，修順袖襱線和腰圍線。

2-2 畫活褶倒向。

3 分版完成。

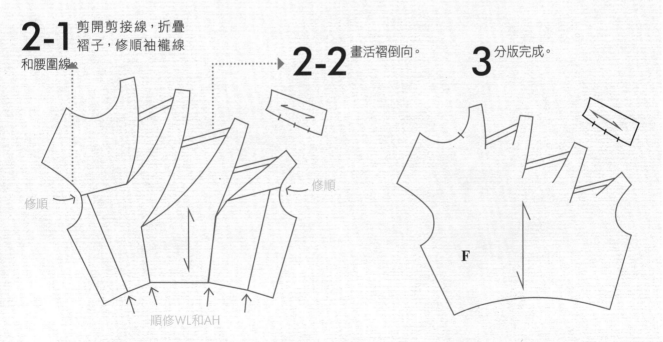

帽領背心

Preview

上衣・打版製作

帽領背心

派內爾剪接洋裝

立領暗門襟上衣

國民領反折袖上衣

平領泡袖上衣

拉克蘭剪接洋裝

基本尺寸

上衣原型版
背長－38 cm
胸圍－83 cm
腰圍－64 cm
衣長－腰下14公分

版型重點

- 前片全開拉鍊
- 貼式口袋
- 帽子設計
- 下襬羅紋
- 後片襠布剪接

❶ 確認款式

帽領背心。

❷ 量身

原型版、衣長。

❸ 打版

前片、後片、口袋、衣襬羅紋、帽子。

❹ 補正紙型

- 對合前後肩線，修順領口和袖襱。
- 對合脇邊，修順袖襱和下襬。
- 對合帽子和前後衣身領圍。
- 下襬前後羅紋布紙型合併。

❺ 整布

使經緯紗垂直，布面平整。

❻ 排版

布面折雙先排前後片，再排帽子、口袋、領口和袖襱綑邊布，下襬束口另外排羅紋布。

❼ 裁布

前片×2、後片折雙×1、後脇片×2、後片襠布×1、下襬羅紋布×1、前片拉鍊貼邊×2、帽子×2（可做單層×2或雙層×4）、口袋×2、口袋貼邊×2、領口綑邊布×1。

❽ 做記號

於完成線上做記號或作線釘（肩線、袖襱線、脇邊線、領圍線、下襬線、帽子、口袋位置、前後中心打牙口）。

❾ 燙襯

口袋口位置貼牽條、口袋貼邊布貼布襯、前片拉鍊貼邊布貼布襯。

❿ 拷克機縫

前後片脇邊線、肩線、下襬羅紋和衣身下襬車縫後再合拷、口袋和貼邊、前片拉鍊貼邊布。

版型製圖步驟

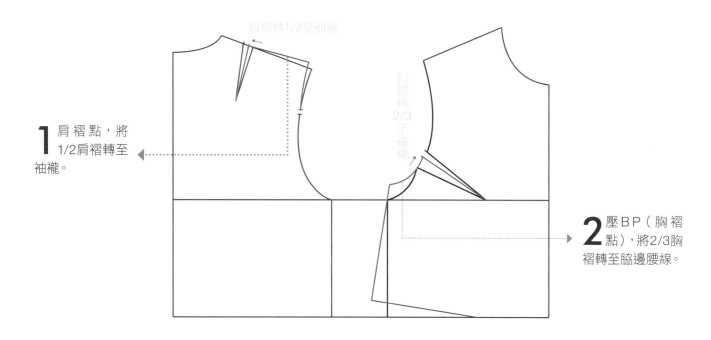

1 肩褶點，將
1/2肩褶轉至
袖襱。

2 壓ＢＰ（胸褶
點），將2/3胸
褶轉至脇邊腰線。

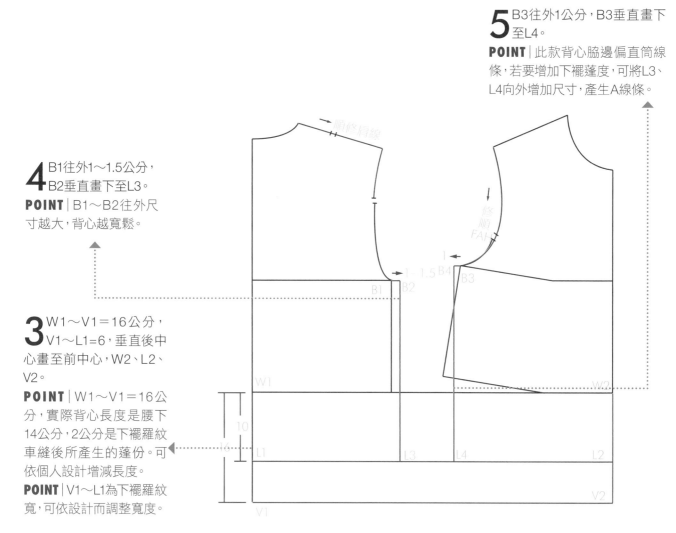

5 B3往外1公分，B3垂直畫下
至L4。
POINT｜此款背心脇邊偏直筒線
條，若要增加下襬蓬度，可將L3、
L4向外增加尺寸，產生A線條。

4 B1往外1～1.5公分，
B2垂直畫下至L3。
POINT｜B1～B2往外尺
寸越大，背心越寬鬆。

3 W1～V1＝16公分，
V1～L1＝6，垂直後中
心畫至前中心，W2、L2、
V2。
POINT｜W1～V1＝16公
分，實際背心長度是腰下
14公分，2公分是下襬羅紋
車縫後所產生的蓬份。可
依個人設計增減長度。
POINT｜V1～L1為下襬羅紋
寬，可依設計而調整寬度。

上衣・打版製作

帽領背心

派內爾剪接洋裝

立領暗門襟上衣

國民領反折袖上衣

平領泡袖上衣

拉克蘭剪接洋裝

7 N6～N7＝1.5公分，弧線連接N7→N5。

POINT｜領口線條要與肩線、後中心垂直。

8 A1～A2＝1公分，A2～N3＝☆，為小肩寬完成尺寸。

POINT｜A2～N3的寬度可以依設計增減尺寸。

9 由 N 7 → A 4 ＝N3～A2＝☆，前後肩線同等寬度。

6 N1～N3＝1.5公分，N2～N4＝4公分，弧線連接N3→N4。

POINT｜領口線條要與肩線、前中心垂直，N3→N4此段為決定領口大小，可依個人設計而變動。

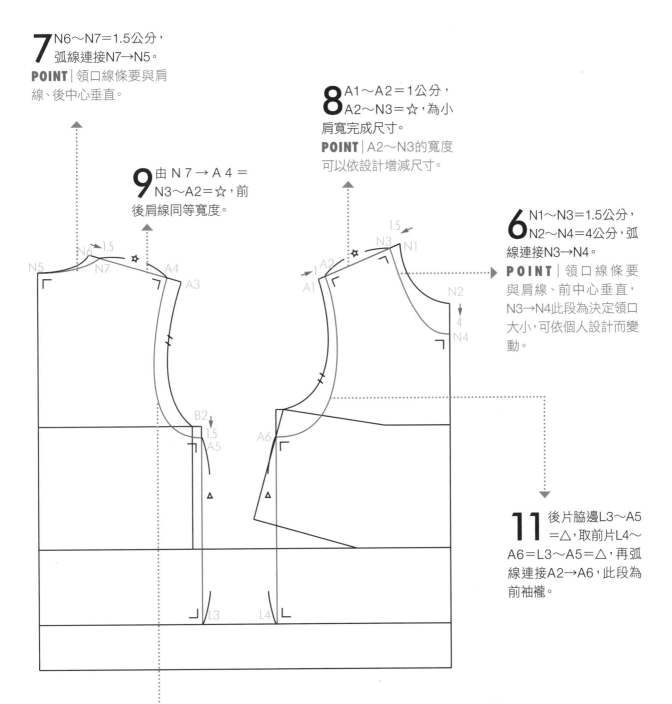

11 後片脇邊L3～A5＝△，取前片L4～A6＝L3～A5＝△，再弧線連接A2→A6，此段為前袖襱。

10 B2～A5＝1.5公分，弧線連接A4→A5，此段為後袖襱。

POINT｜B2～A5＝1.5公分，決定袖襱深度，尺寸越大，袖襱深度越大。注意袖襱線要與肩線、脇邊線垂直。

12 N5～Y1＝10公分，垂直畫至袖襱Y2；Y2～Y3＝0.7～1公分，弧線連接Y3→Y1。
POINT | N5～Y1的長度，決定襠布（YOKE）大小，Y3→Y1完成線要與後中心垂直 。

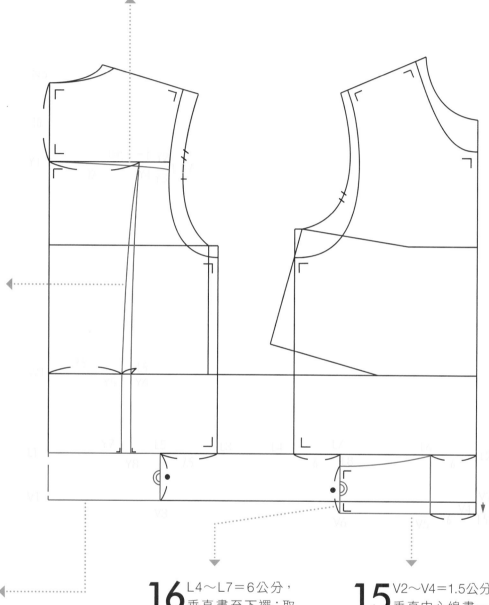

13 Y1～Y4＝12公分，W1～Y5＝9.5，Y5～Y6＝1.5公分，弧線連接Y4→Y5，Y4→Y6，直線畫至Y7和Y8。
POINT | Y5～Y6＝1.5公分，褶寬大小影響合身度，褶份越大越合身。因為此款式下襱有羅紋布設計，故褶子不需打太大。

14 L3～L5＝7.5公分，垂直畫至下襱V3。
POINT | L3～L5為車縫羅紋布後所產生的蓬份量，可依設計調整蓬份多寡。

16 L4～L7＝6公分，垂直畫至下襱；取V6～L8＝V3～L5＝●，弧線連接L6→L8。
POINT | 此段為前下襱羅紋，與後下襱羅紋合併連載。

15 V2～V4＝1.5公分，垂直中心線畫一條延長線；L2～L6＝6公分，垂直畫至下襱V5。

上衣・打版製作

帽領背心

派內爾剪接洋裝

立領暗門襟上衣

國民領反折袖上衣

平領泡袖上衣

拉克蘭剪接洋裝

17 N4～Z1＝0.5公分，垂直畫至下
襬線。

POINT ｜N4～Z1扣除拉鍊外露的尺寸。

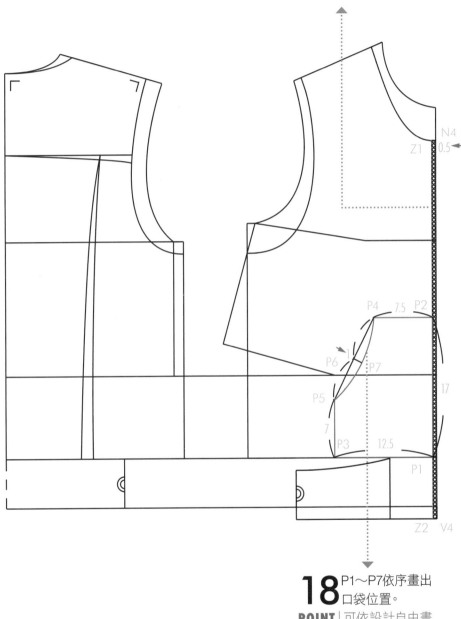

18 P1～P7依序畫出
口袋位置。

POINT ｜可依設計自由畫
出不同形狀大小的貼式
口袋。

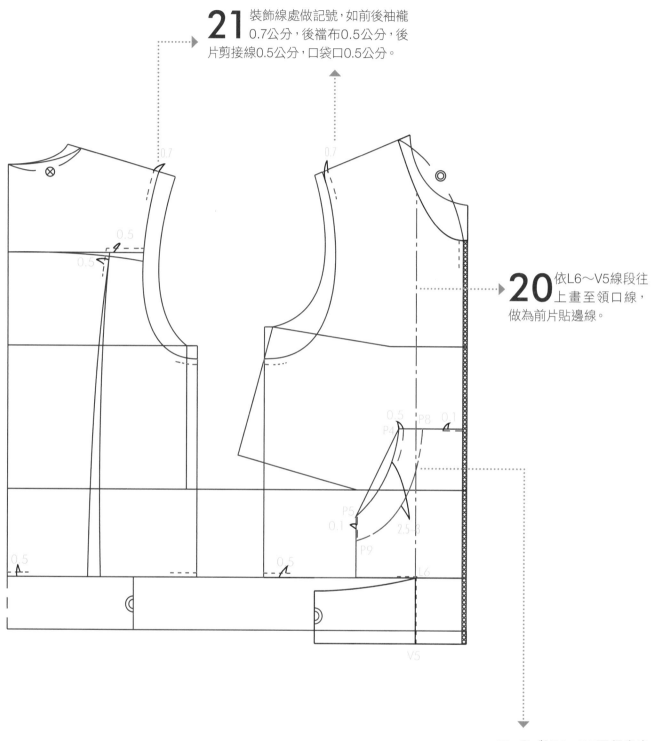

21 裝飾線處做記號,如前後袖襱0.7公分,後襬布0.5公分,後片剪接線0.5公分,口袋口0.5公分。

20 依L6～V5線段往上畫至領口線,做為前片貼邊線。

19 與P4～P5平行畫出寬2.5～3公分的貼邊線 P8～P9。

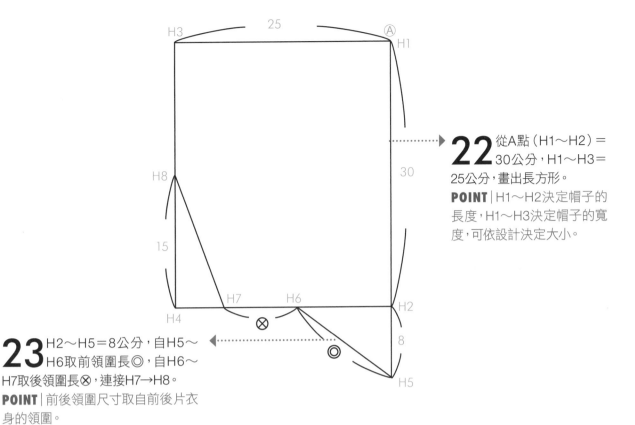

22 從A點（H1～H2）＝30公分，H1～H3＝25公分，畫出長方形。

POINT｜H1～H2決定帽子的長度，H1～H3決定帽子的寬度，可依設計決定大小。

23 H2～H5＝8公分，自H5～H6取前領圍長◎，自H6～H7取後領圍長⊗，連接H7→H8。

POINT｜前後領圍尺寸取自前後片衣身的領圍。

24 H1～H9＝1.5公分，直線連接H9→H2，H9畫垂直線至H10。

POINT｜H1往左取1.5產生的前中心線條往後傾，亦可將H1往右取尺寸，帽子就會向前傾，可自由變化。

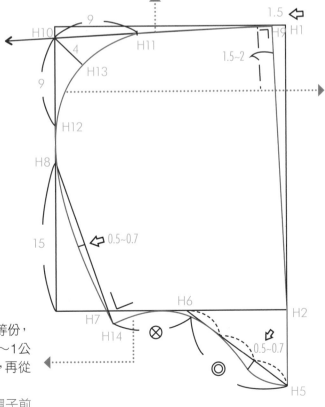

25 H10～H11＝H10～H12＝9公分，H10～H13＝4公分，弧線連接H11→H13→H12。H8～H7均分二等份往外0.5～0.7公分，再弧線連接H8～H7。

26 H6～H5均分三等份，2/3處往外0.7～1公分，H7～H14＝0.5公分，再從H14弧線修順至H5。

POINT｜此領圍線要與帽子前後中心線垂直。

帽領背心

派內爾剪接洋裝

立領暗門襟上衣

國民領反折袖上衣

平領泡袖上衣

拉克蘭剪接洋裝

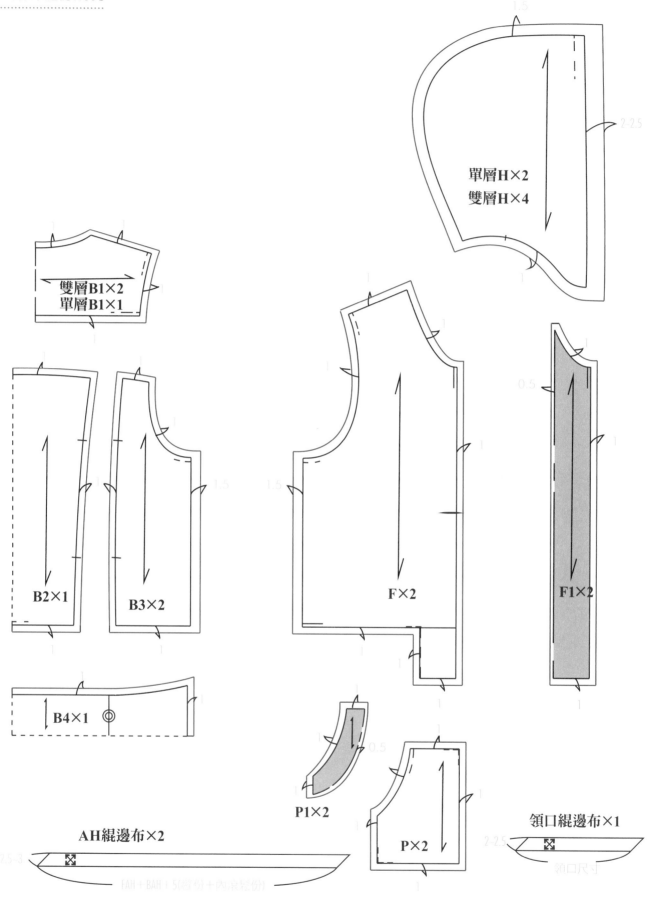

單層H×2
雙層H×4

雙層B1×2
單層B1×1

B2×1

B3×2

F×2

F1×2

B4×1

P1×2

P×2

AH緄邊布×2

領口緄邊布×1

縫製 sewing

材料說明

單幅用布：(衣長＋縫份)×3
雙幅用布：(衣長＋縫份)×1.5
羅紋布1尺
布襯約1尺
全開式拉鍊十八吋1條

1. 車縫後片剪接線和襯布 (YOKE)。

2. 車縫前片口袋。

3. 車縫前片拉鍊。

4. 車縫肩線。

5. 車縫脇邊線。

6. 車縫下襬羅紋布。

7. 車縫帽子。

8. 車縫袖襱綑邊。

9. 完成。

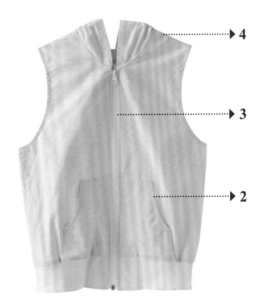

上衣・打版製作

帽領背心

派內爾剪接洋裝

立領暗門襟上衣

國民領反折袖上衣

平領泡袖上衣

拉克蘭剪接洋裝

派內爾剪接洋裝

Preview

上衣・打版製作

帽領背心

派內爾剪接洋裝

立領暗門襟上衣

國民領反折袖上衣

平領泡袖上衣

拉克蘭剪接洋裝

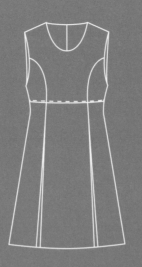
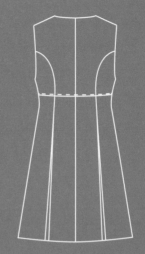

基本尺寸

上衣原型版
背長－38 cm
胸圍－83 cm
腰圍－64 cm
腰長－18 cm
臀部－92 cm
裙長－腰下48 cm

版型重點

- 後片隱形拉鍊
- 派內爾剪接
- 高腰剪接
- 領口袖襱貼邊連裁
- 腰下箱褶設計

❶ 確認款式

派內爾剪接洋裝。

❷ 量身

原型版、衣長、腰長、臀圍。

❸ 打版

前片、後片、前後片領口袖襱貼邊連裁。

❹ 補正紙型

- 前片合併胸褶，修順派內爾線。
- 前後裙版展開活褶份後修順線條。
- 對合前後肩線，修順領口和袖襱。
- 對合脇邊，修順袖襱和下襬。
- 前後貼邊對合修順。

❺ 整布

使經緯紗垂直，布面平整。

❻ 排版

布面折雙先排前後片，裙子再排前後片上衣、貼邊布。

❼ 裁布

前上片折雙×1、前上脇片×2、後上片×2、後上脇片×2、前片裙子折雙×1、後片裙子×2、前片貼邊折雙×1、後片貼邊×2。

❽ 做記號

於完成線上做記號或作線釘（肩線、袖襱線、脇邊線、領圍線、下襬線、貼邊線、前後活褶記號點、前後中心打牙口）。

❾ 燙襯

後片拉鍊處貼牽條、前後片貼邊布貼布襯。

❿ 拷克機縫

前後派內爾剪接車縫後合拷、前後片脇邊線、後中心線、前後片貼邊線。

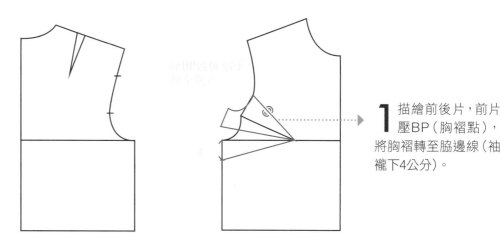

1 描繪前後片，前片壓BP（胸褶點），將胸褶轉至脇邊線（袖襱下4公分）。

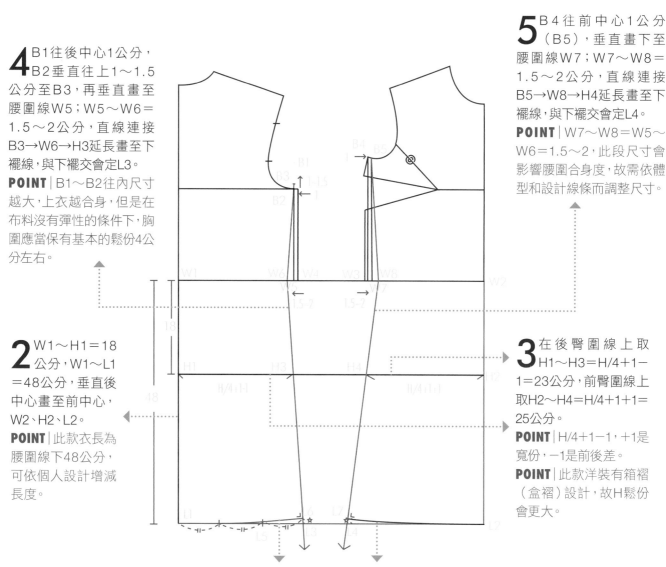

4 B1往後中心1公分，B2垂直往上1〜1.5公分至B3，再垂直畫至腰圍線W5；W5〜W6＝1.5〜2公分，直線連接B3→W6→H3延長畫至下襱線，與下襱交會定L3。

POINT｜B1〜B2往內尺寸越大，上衣越合身，但是在布料沒有彈性的條件下，胸圍應當保有基本的鬆份4公分左右。

2 W1〜H1＝18公分，W1〜L1＝48公分，垂直後中心畫至前中心，W2、H2、L2。

POINT｜此款衣長為腰圍線下48公分，可依個人設計增減長度。

5 B4往前中心1公分（B5），垂直畫下至腰圍線W7；W7〜W8＝1.5〜2公分，直線連接B5→W8→H4延長畫至下襱線，與下襱交會定L4。

POINT｜W7〜W8＝W5〜W6＝1.5〜2，此段尺寸會影響腰圍合身度，故需依體型和設計線條而調整尺寸。

3 在後臀圍線上取H1〜H3＝H/4+1−1＝23公分，前臀圍線上取H2〜H4＝H/4+1+1＝25公分。

POINT｜H/4+1−1，+1是寬份，−1是前後差。

POINT｜此款洋裝有箱褶（盒褶）設計，故H鬆份會更大。

6 後片L1〜L3均分三等份，垂直脇邊線至2/3處（L5），被動獲得L6（☆）的高度，再修順下襱線。前片L4〜L7＝☆，垂直脇邊線畫至下襱再修順線條。

POINT｜對合W5〜L6＝W8〜L7等長。

上衣・打版製作

帽領背心

派內爾剪接洋裝

立領暗門襟上衣

國民領反折袖上衣

平領泡袖上衣

拉克蘭剪接洋裝

7 N1～N3＝3公分，N2～N4＝5公分，弧線連接N4→N3。
POINT | 領口線條要與肩線、後中心垂直，N4→N3此段為決定領口大小，可依設計調整尺寸大小。

9 A1～A2＝1～1.5公分，弧線連接A2→B5（FAH前袖襱）。
POINT | N8～A2＝△，為前肩寬，肩寬皆可依設計增減尺寸。

8 N6～N8＝5公分，N5～N7＝6公分，弧線連接N8→N7。
POINT | 領口線條要與肩線、前中心垂直。

10 N4～A4＝N8～A2＝△，弧線連接A4→B3（BAH後袖襱）。
POINT | 對合前後肩線要同等長，前後袖襱要與肩線和脇邊線垂直。

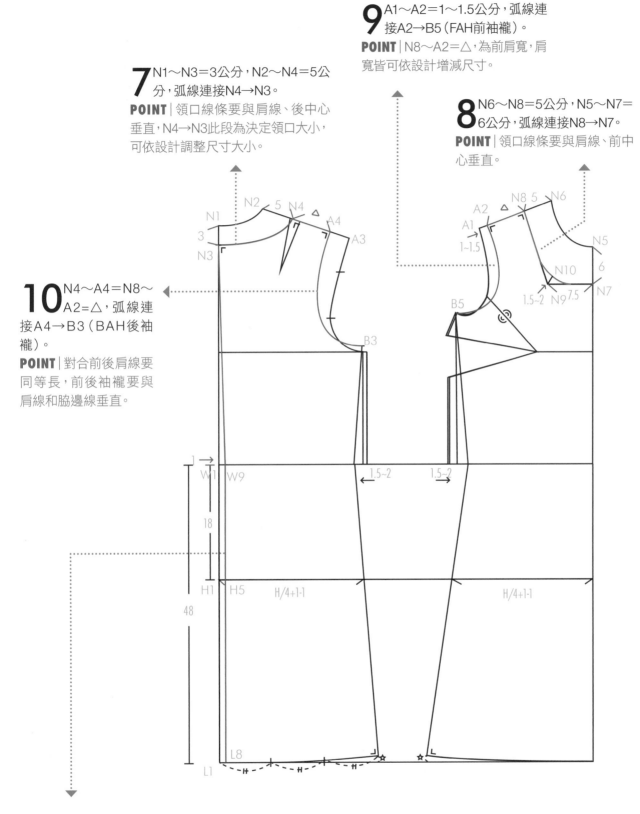

11 W1～W9＝1公分，腰線以上弧線連接W9→N3，腰線以下平行後中心線畫至下襬線。
POINT | W1～W9＝1公分，為後腰收身的線條，尺寸越大越合身。注意此線條要與後領圍和下襬線呈垂直。

12 後片肩線N4往下0.5～0.7公分（N11），直線連接N11→A4。前片肩線N8往下0.5～0.7公分（N12），直線連接N12→A2。

POINT｜前後肩線N4和N8往下0.5～0.7公分，因為領口挖的比較大，所以必須在肩線領口處扣除多餘的鬆份。

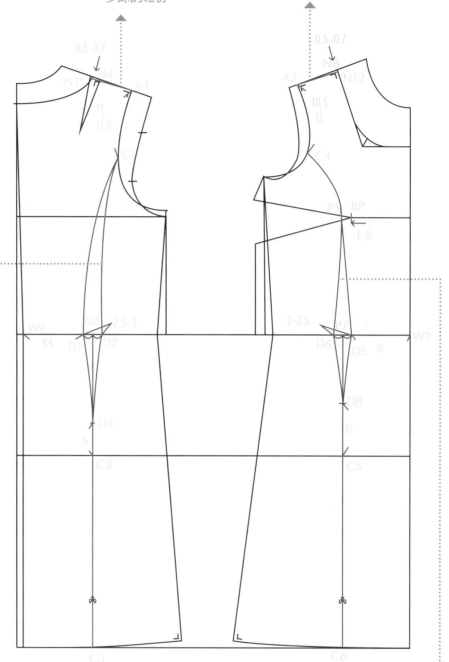

13 A4～C1＝11～11.5公分，W9～D1＝9.5公分，D1～D2（褶寬）＝2.5～3公分，D1～D2中心點D3往下垂直畫至下襬線；由C2往上5公分（D4），弧線連接C1→D1→D4，C1→D2→D4。

POINT｜D1～D2是褶寬，褶寬越大越合身；C2往上5公分是褶尖消失點。

POINT｜派內爾線即從袖襱經腰圍線至下襬的剪接線，弧度線條可依設計而自由調整。

14 A2～C4＝10.5～11公分，W2～D5＝9公分，D5～D6＝2～2.5公分，D5～D6中心點D7往下垂直畫至下襬線；由C5往上8公分（D8），弧線連接C4→P1→D5→D8，C4→P1→D6→D8。

POINT｜此款派內爾剪接線在胸圍線上會離開BP約1.5公分左右（BP→P1＝1.5），亦可依體型或款式設計而調整。

17 W9往上5公分（U4），垂直後中心畫至脇邊線（U5），U4往下0.5公分（U6），U5～U7＝1公分，U7弧線連接至U6。

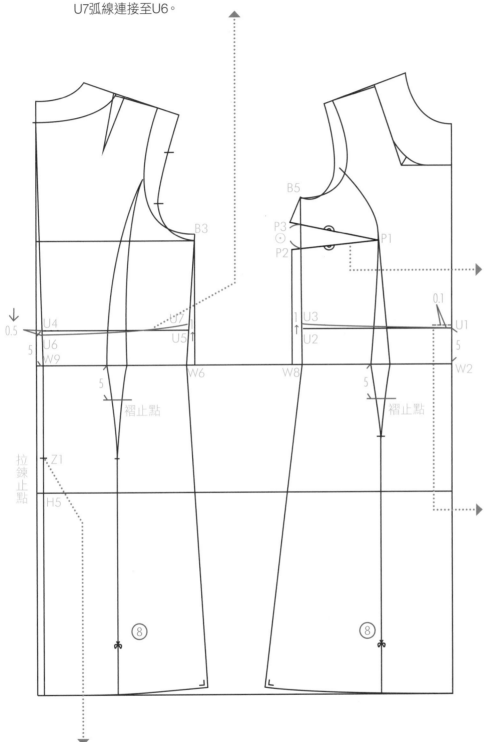

15 P2～P3＝⊙，直線連接P3→P1，P2→P1。

POINT | B3～W6＝BSS（後脇邊），B5～W8＝FSS（前脇邊），FSS－BSS＝⊙，此為胸褶寬。

16 W2往上5公分（U1），垂直前中心畫至脇邊線（U2），U2～U3＝1公分，弧線連接至U1。

POINT | W2往上5公分即為高腰位置，高腰設計有修長感，比例較佳。可依體型或款式調整高低線條。

18 H5往上5公分（Z1），為隱形拉鍊止點。

POINT | 一般裙型拉鍊止點在HL下1～2公分，但因此款式裙子有箱褶設計屬較寬鬆的裙型，所以可以提高拉鍊止點位置。

上衣・打版製作

帽領背心

派內爾剪接洋裝

立領暗門襟上衣

國民領反折袖上衣

平領泡袖上衣

拉克蘭剪接洋裝

20 N3～E1＝6公分，B3～E2＝3～3.5公分，弧線連接E1→E2。
POINT｜E1→E2為後領口和袖襱貼邊連裁的線條，須與後中心和脇邊線呈垂直。

21 N7～E3＝4.5公分，B5～E4＝3～3.5公分，弧線連接E3→E4。
POINT｜E3→E4為前領口和袖襱貼邊連裁的線條，須與前中心和脇邊線呈垂直。

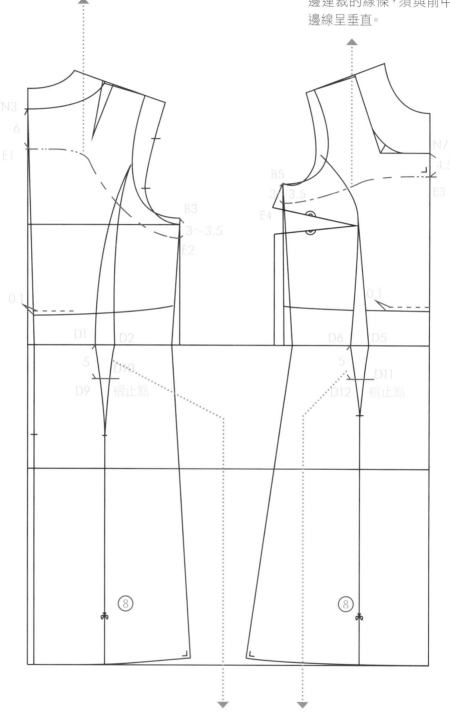

19 前後片腰圍線下5公分做為箱褶車縫止點。切展前後剪接線8公分，做為箱褶份。
POINT｜箱（盒）褶大小可依設計而調整尺寸，尺寸愈大，裙型愈寬鬆。

修版

前片胸褶

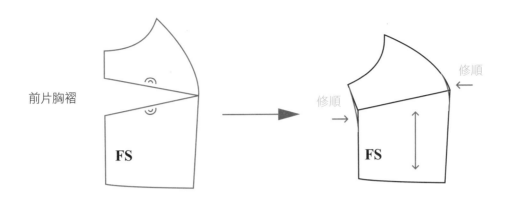

裙子箱褶

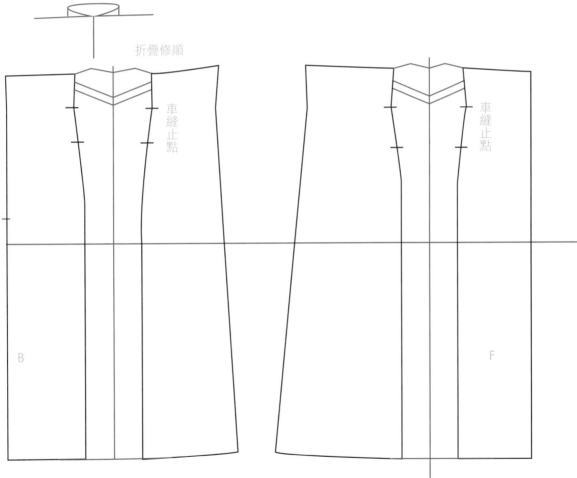

上衣・打版製作

帽領背心

派內爾剪接洋裝

立領暗門襟上衣

國民領反折袖上衣

平領泡袖上衣

拉克蘭剪接洋裝

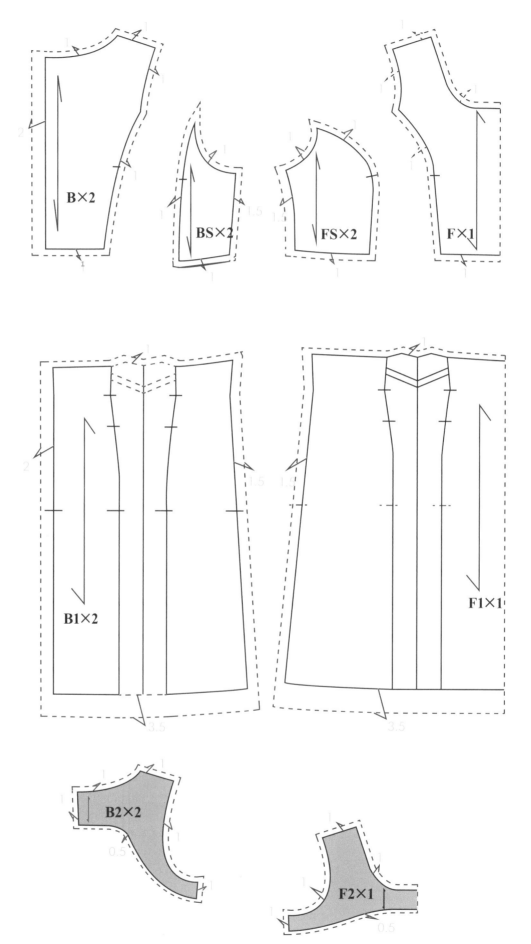

縫製 sewing

材料說明
單幅用布：（衣長＋縫份）×3
雙幅用布：（衣長＋縫份）×1.5
布襯約1.5尺
隱形拉鍊二十二吋1條

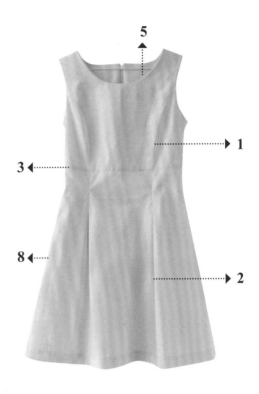

1. 車縫前片和後片派內爾剪接線。

2. 前縫前片和後片箱褶。

3. 車縫前片和後片高腰剪接線。

4. 車縫左肩線，右片肩線先不車。（做法請參考部份縫P64）

5. 車縫前後片貼邊布。

6. 車縫右片肩線。

7. 車縫後片隱形拉鍊。

8. 車縫脇邊線。

9. 車縫下襬。

10. 完成。

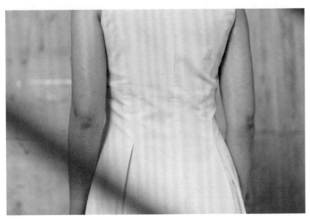

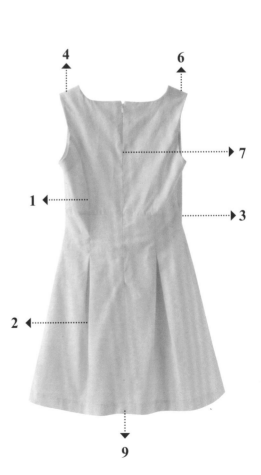

上衣・打版製作

帽領背心

派內爾剪接洋裝

立領暗門襟上衣

國民領反折袖上衣

平領泡袖上衣

拉克蘭剪接洋裝

立領暗門襟上衣

Preview

上衣·打版製作

帽領背心

派內爾剪接洋裝

立領暗門襟上衣

國民領反折袖上衣

平領泡袖上衣

拉克蘭剪接洋裝

基本尺寸

上衣原型版
背長－38 cm
胸圍－83 cm
腰圍－64 cm
腰長－18 cm
衣長－臀圍線上5公分

版型重點

• 立領
• 前片暗門襟設計
• 後片襠布剪接
• 落肩蓋袖設計

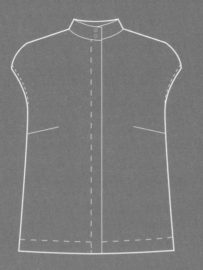
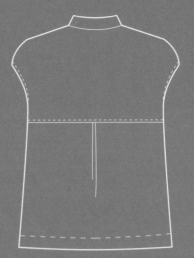

❶ 確認款式

立領暗門襟上衣。

❷ 量身

原型版、衣長、腰長、臀圍。

❸ 打版

前片、後片、領子、袖襱緄邊。

❹ 補正紙型

• 對合前後肩線，修順領口和袖襱。
• 對合脇邊，修順袖襱和下襬。
• 對合領子和前後衣身領圍。

❺ 整布

使經緯紗垂直，布面平整。

❻ 排版

布面折雙先排前後片，再排後片襠布、領子和袖襱緄邊布。

❼ 裁布

前片×2、後片折雙×1、領子×2、袖襱緄邊布×2、後片襠布×1。

❽ 做記號

於完成線上做記號或作線釘（肩線、袖襱線、脇邊線、領圍線、下襬線、領子、前後中心打牙口）。

❾ 燙襯

前片貼邊布貼布襯、表領貼襯。

❿ 拷克機縫

前後片脇邊線、肩線、前片貼邊線，後襠布剪接車縫後合拷。

版型製圖步驟

1 壓肩褶點，將1/2肩
褶轉至袖襱當鬆份。

2 壓BP（胸褶點），將胸褶
轉至脇邊腰線。

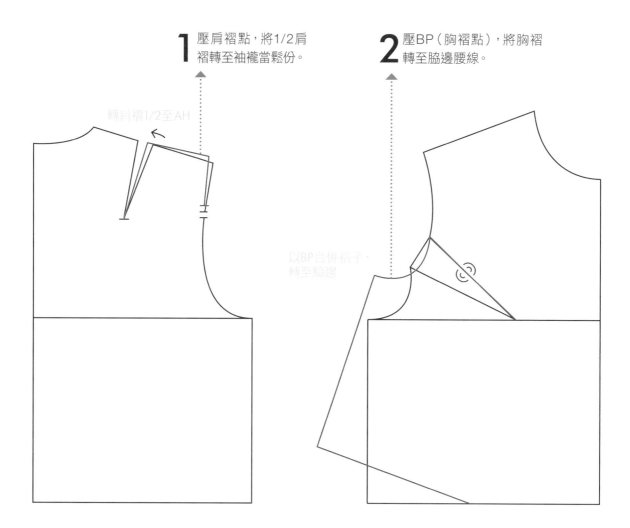

轉肩褶1/2至AH

以BP合併褶子，
轉至脇邊

帽領背心

派內爾剪接洋裝

立領暗門襟上衣

國民領反折袖上衣

平領泡袖上衣

拉克蘭剪接洋裝

5 B1往外0.5～1公分，B2垂直畫下至W3；B2～B3＝1公分，W3～W4＝1～1.5公分，直線連接B3→W4→H3，與下襬線交會定L3。

POINT | B1～B2往外尺寸越大，上衣越寬鬆，W3～W4＝1～1.5讓脇邊看起來有收腰線條但不合身。

6 B4垂直畫下至W5；B4～B5＝2公分，W5～W6＝1～1.5公分。

POINT | 直線連接B5→W6→H4，與下襬線交會定L4。

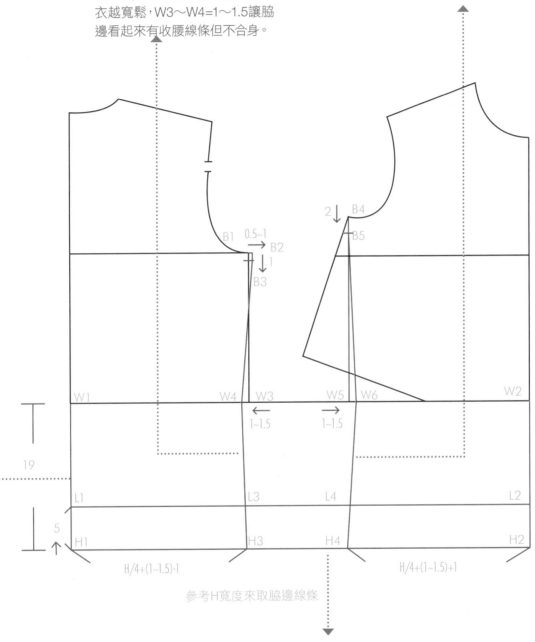

B1　0.5-1　→ B2
↓ 1
B3

2 ↓ B4
B5

W1　W4　W3　W5　W6　W2
← 1~1.5　→ 1~1.5

19

L1　L3　L4　L2

5
H1　H3　H4　H2

H/4+(1~1.5)-1　　　H/4+(1~1.5)+1

參考H寬度來取脇邊線條

3 W1～H1＝19公分，H1～L1＝5公分，垂直後中心畫至前中心，W2、L2、H2。

POINT | 此款衣長為臀圍上線5公分，可依個人設計增減長度。

4 在後臀圍線上取（H1～H3）＝（H/4）＋1～1.5－1＝23公分，前臀圍線上取（H2～H4）＝（H/4）＋1～1.5＋1＝25公分。

POINT | （H/4）＋1～1.5－1，＋1～1.5是寬份，－1是前後差；此款式雖然長度未及臀圍線，但可參考臀圍所需的寬份，決定上衣的脇邊線條。

10 依前肩線線條畫一延長線，A1～A2＝1公分，A2～A3＝4.5公分，A3～A4＝1.5公分，直線連接A2→A4，A1角度再修順。
POINT｜A1～A3為蓋袖的長度，A3～A4是蓋袖的斜度，皆可以依設計增減尺寸。

12 弧線連接A4→B5此段為前袖襱，A8→B3為後袖襱。
POINT｜注意前後袖襱要與肩線和脇邊線垂直。

9 N6～N8＝1公分，N5～N7＝1公分，弧線連接N8→N7。
POINT｜領口線條要與肩線、前中心垂直。

8 N2～N3＝1公分，弧線連接N3→N1。
POINT｜領口線條要與肩線、後中心垂直，N3→N1此段為決定領口大小，因為此款為立領設計，所以領口不宜挖得太大。

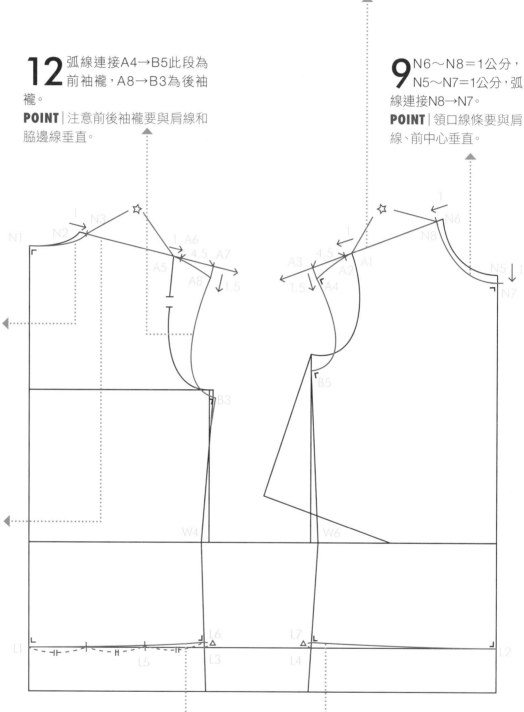

11 依後肩線線條畫一延長線，取N3～A5＝N8～A1＝☆，A5～A6＝1公分，A6～A7＝4.5公分，A7～A8＝1.5公分，直線連接A6→A8，A6角度再修順。
POINT｜對合前後肩線要同等長。

7 後片L1～L3均分三等份，垂直脇邊線至2/3處（L5），被動獲得L6（△）的高度，再修順下襬線。前片L4～L7＝△，垂直脇邊線畫至下襬再修順線條。
POINT｜對合W4～L6＝W6～L7等長。

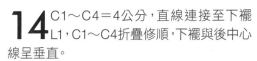

14 C1～C4＝4公分,直線連接至下襬L1,C1～C4折疊修順,下襬與後中心線呈垂直。

POINT | C1～C4＝4公分,箱褶寬大小影響寬鬆度。因為此款式下襬較合身,所以箱褶設計為上大下收線條(即盒褶消失點在下襬線)。

17 袖襱0.5～0.7公分裝飾線,下襬2～2.5公分裝飾線,後片剪接線0.1公分裝飾線。

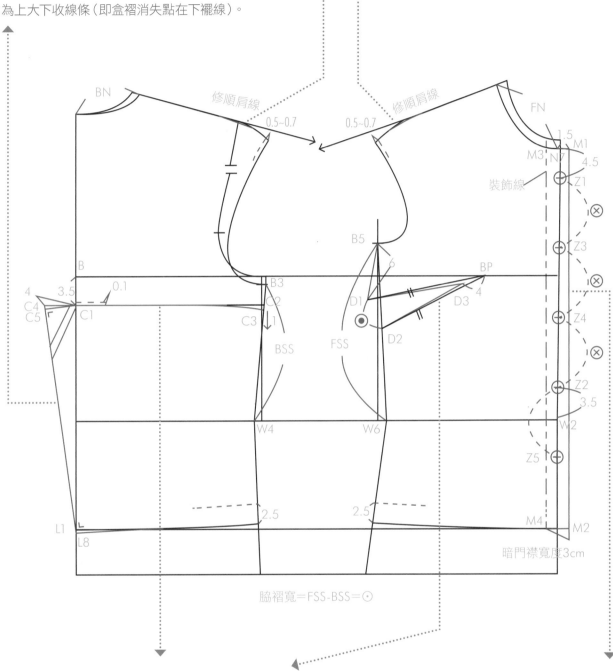

13 B～C1＝3.5～4公分,垂直畫至脇邊線C2;C2～C3＝1公分,弧線連接C3→C1。

POINT | B～C1的長度,決定剪接線的高低,C3→C1完成線要與後中心和脇邊垂直。

15 B5～D1＝6公分,D1～D2＝⊙,BP～D3＝4公分,直線連接D3→D1,D3→D2。

POINT | B3～W4＝BSS(後脇邊),B5～W6＝FSS(前脇邊),FSS－BSS＝⊙,此為胸褶寬。取好褶寬,在紙型上摺疊修順脇邊線(由下往上摺疊)。

16 N7～M1＝1.5公分,垂直畫至下襬線,此段為持出份(●);M1～M3＝3公分,垂直畫至M4(此線段為暗門襟裝飾寬)。釦距:在中心線下N7～Z1＝4～4.5公分,W2～Z2＝3～4公分,Z1～Z2均分三等份⊗,Z2再往下一等份⊗,共五顆釦子。

上衣・打版製作

帽領背心

派內爾剪接洋裝

立領暗門襟上衣

國民領反折袖上衣

平領泡袖上衣

拉克蘭剪接洋裝

領子

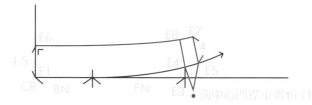

18 量取前後衣身領圍，後領圍（BN＝N1～N3），前領圍（FN＝N8～N7）。

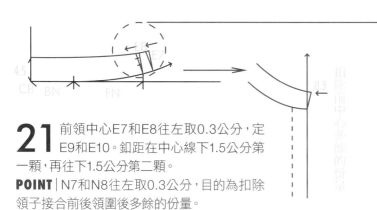

19 自E1～E2＝BN＝8.5公分，E2～E3＝FN＝12.5公分。E3往上1～1.5公分定E4，弧線連接E4→E2，順此弧線往外畫延長線。

20 自E4～E5＝1.5 （●持出份）垂直往上E5～E7＝4公分，E1～E6＝4.5公分，連接E7～E6。

POINT | E3～E4高度越高，領型越服貼頸部。
POINT | E5～E7為前領高，E1～E6為後領高，E6～E7線段要與後中心和前中心呈垂直。

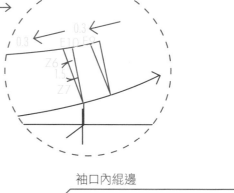

21 前領中心E7和E8往左取0.3公分，定E9和E10。釦距在中心線下1.5公分第一顆，再往下1.5公分第二顆。

POINT | N7和N8往左取0.3公分，目的為扣除領子接合前後領圍後多餘的份量。

袖口內緄邊

裁片縫份說明

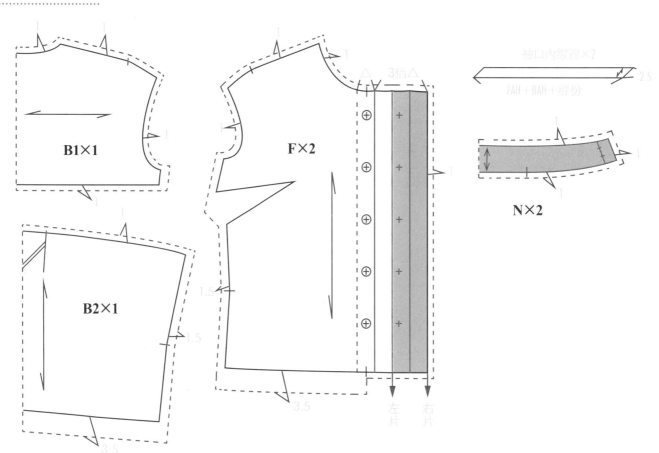

縫製 sewing

材料說明

單幅用布：（衣長＋縫份）×2
雙幅用布：衣長＋縫份
布襯約1碼
釦子7顆

1. 車縫前片胸褶。
2. 車縫後片箱褶和檔布剪接線。
3. 車縫前片暗門襟。
4. 車縫肩線。
5. 車縫脇邊線。
6. 車縫下襬。
7. 車縫領子。
8. 車縫袖口緄邊。
9. 開釦眼／縫釦子。
10. 完成。

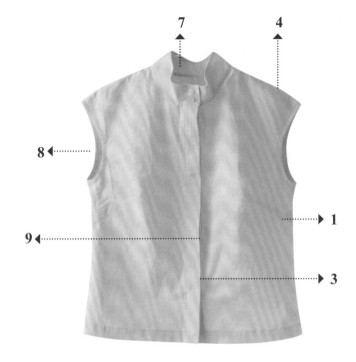

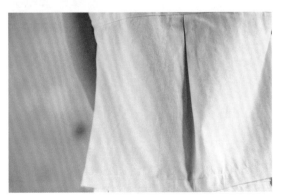

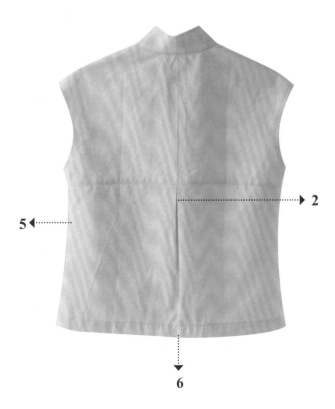

上衣‧打版製作

帽領背心

派內爾剪接洋裝

立領暗門襟上衣

國民領反折袖上衣

平領泡袖上衣

拉克蘭剪接洋裝

國民領反折袖上衣

Preview

基本尺寸

上衣原型版
背長－38 cm
胸圍－83 cm
腰圍－64 cm
腰長－18 cm
衣長－腰下25 cm
臀圍－90 cm
袖長－25 cm

版型重點

- 國民領
- 反折袖加袖扣設計
- 前後片有腰褶

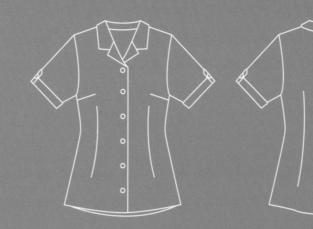

❶ 確認款式
國民領反折袖上衣。

❷ 量身
原型版、衣長、腰長、臀圍、袖長。

❸ 打版
前片、後片、領子、袖子、袖扣布。

❹ 補正紙型
- 對合前後肩線，修順領口和袖襱。
- 對合脇邊，修順袖襱和下襱。
- 對合領子和前後衣身領圍。
- 對合袖子和袖襱尺寸。

❺ 整布
使經緯紗垂直，布面平整。

❻ 排版
布面折雙先排前後片，再排領子、袖子、袖扣布。

❼ 裁布
前片×2、後片折雙×1、領子×2、袖子×2、袖扣布×2。

❽ 做記號
於完成線上做記號或作線釘（肩線、袖襱線、脇邊線、領圍線、下襱線、領子、袖子、袖中心和前後中心打牙口、袖扣位置）。

❾ 燙襯
前片貼邊布貼布襯、表領貼布襯（裡領也可貼布襯）、袖扣布貼布襯。

❿ 拷克機縫
前後片脇邊線、肩線、前片貼邊線、袖下線。袖山和袖襱車縫後合拷。

上衣・打版製作

帽領背心

派內爾剪接洋裝

立領暗門襟上衣

國民領反折袖上衣

平領泡袖上衣

拉克蘭剪接洋裝

版型製圖步驟

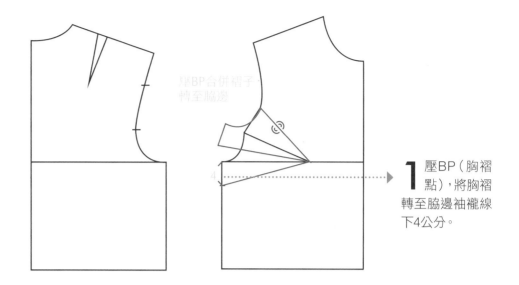

1 壓BP（胸褶點），將胸褶轉至脇邊袖襱線下4公分。

4 B3往下垂直畫下至L8；W5～W6＝1.5～2公分，H2～H4＝（H/4）＋1.5＋1＝25，直線連接B4→W6→H4，延長至下襬定L9。

POINT | H1～H3＝（H/4）＋1.5＋1＝25，＋1.5是鬆份，＋1是前後差。

3 B1往下垂直畫下至L3；B1～B2＝1公分，W3～W4＝1.5～2公分，H1～H3＝（H/4）＋1.5－1＝23，直線連接B2→W4→H3，延長至下襬定L4。

POINT | W3～W4＝1.5～2公分，往內尺寸越多，腰線越合身；H1～H3＝（H/4）＋1.5－1＝23，＋1.5是鬆份，－1是前後差。腰線以下參考臀圍線的寬份來決定脇邊的斜度。

2 W1～H1＝18公分，W1～L1＝28公分，垂直後中心畫至前中心，W2、H2、L2。

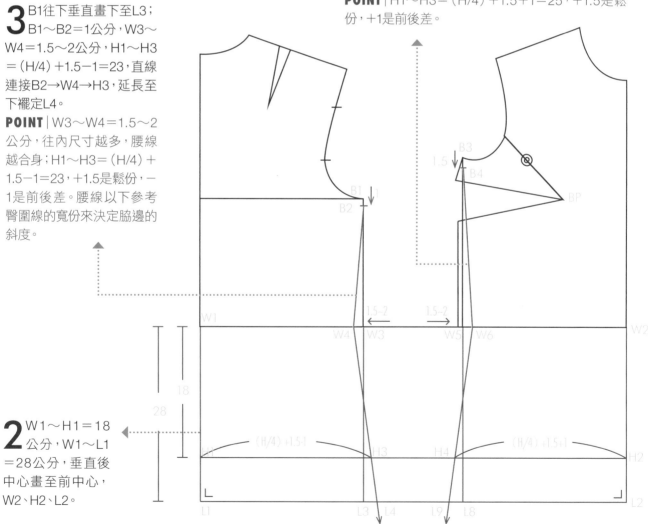

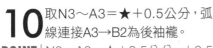

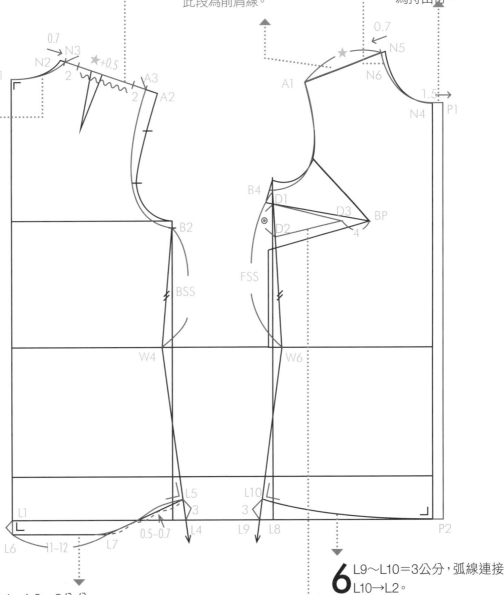

10 取N3～A3＝★＋0.5公分，弧線連接A3→B2為後袖襱。

POINT｜N3～A3＝★＋0.5公分，＋0.5是後肩縮份；注意前後袖襱要與肩線和脇邊線垂直。

8 N5～N6＝0.7公分，弧線連接N6→N4。

POINT｜前領口線條要與肩線、前中心垂直。

9 N6～A1＝★，弧線連接A1→B4此段為前袖襱。

POINT｜N6～A1＝★，此段為前肩線。

12 N4～P1＝1.5公分，垂直畫至下襱線（P2），此段為持出份。

7 N2～N3＝0.7公分，弧線連接N3→N1。

POINT｜後領口線條要與肩線、後中心垂直。

5 L4～L5＝3公分，L1～L6＝2公分，L6～L7＝11～12公分，直線連接L5→L7。L5～L7均分三等份，1/3處往上0.5～0.7公分，弧線修順下襱。

POINT｜L1～L6＝2公分，後中心往下尺寸越長，前高後低的線條越明顯。注意下襱線須與後中心線和脇邊線呈垂直。

11 D1～D2＝⊙公分，BP～D3＝4公分，直線連接D3→D1，D3→D2。

POINT｜B2～W4＝BSS（後脇邊），B4～W6＝FSS（前脇邊），FSS－BSS＝⊙，此為胸褶寬。

6 L9～L10＝3公分，弧線連接L10→L2。

POINT｜下襱線須與前中心線和脇邊線呈垂直。W6～L10＝W4～L5對合前後脇邊長度。

上衣・打版製作

帽領背心

派內爾剪接洋裝

立領暗門襟上衣

國民領反折袖上衣

平領泡袖上衣

拉克蘭剪接洋裝

13 W1～D4＝9～10公分，D4～D5＝3公分，褶寬中心D6畫直線往上超過胸圍線2公分（D7），往下畫至臀圍線上5公分（D9），直線連接D7→D4→D9，D7→D5→D9。

POINT｜褶寬尺寸越大，越合身，應配合體型和款式而調整。

15 B2～E1＝7公分，將N6～N4均分三等份，E2與肩線平行取2公分（E3），直線連接E1→E3往上畫延長線；N6平行E1→E3取後領圍（○）長E4。

POINT｜B2～E1＝7公分，是國民領的翻領止點，可依款式領口線條拉高或拉低，但如果為單穿款式，建議翻領止點止於胸圍線以上。E1→E3往上畫延長線，是領子的翻領線。

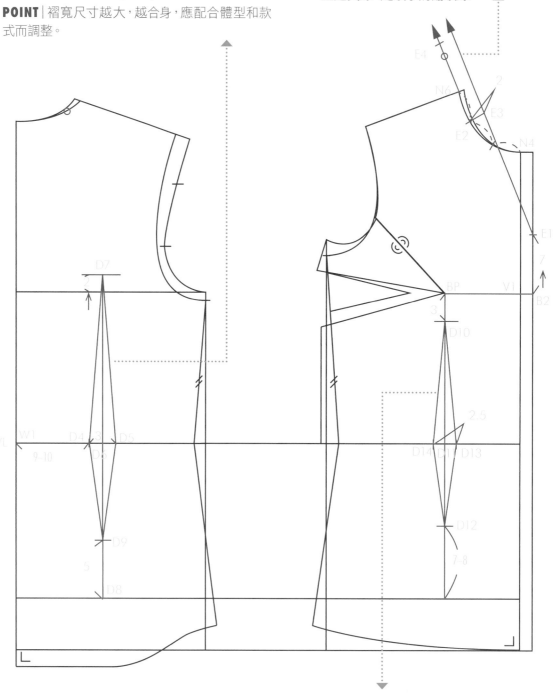

14 BP～D10＝3公分，垂直往下畫至臀圍線上7～8公分（D12），腰圍線D13～D14＝2.5公分，直線連接D10→D13→D12，D10→D14→D12。

17 後中心線上取E5～E6＝2.5公分，E6～E7＝3.5公分，由E7垂直後中心畫出延長線。

POINT｜E5～E6＝2.5公分，是後領腰高；E6～E7＝3.5公分，是後領寬，領寬需大於領腰高1公分以上，目的是蓋住領圍線。

18 P1～E8＝1公分，直線連接N4→E8畫延長線過E9點1公分（E10），弧線連接E7→E10。

POINT｜領外緣線要與後中心垂直。

16 N6～E5＝N6～E4＝○（後領圍），E4～E5為傾倒份3公分；由E5垂直N6～E5畫出延長線。

POINT｜傾倒份的多寡關係到領外緣線的長短，所以傾倒份的尺寸須配合領子的款式來調整，否則會有領外緣過長或不足的現象。

19 E6與後中心垂直慢慢弧線連接至E3。

POINT｜翻領線要與後中心垂直。

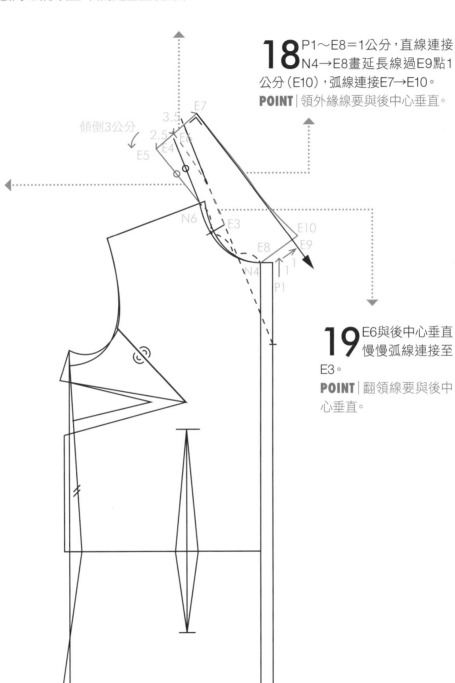

傾倒3公分

21 釦距：在中心線的翻領線上是第一顆釦子（Z1），L2往上13～15公分（Z2）第二顆，Z1～Z2均分5等份，有四顆釦子，全部共六顆釦子。

20 領子在側頸點（N6）處要修順線條。

POINT | 衣身的側頸點還是在N6處。

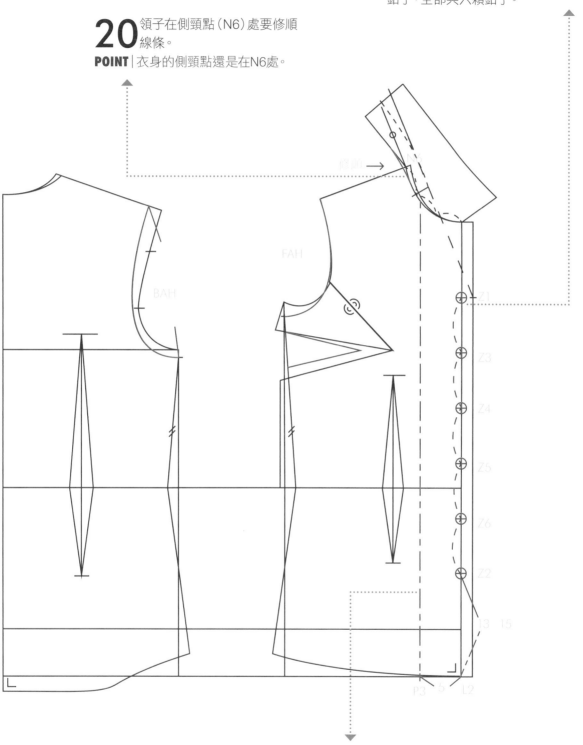

22 L2～P3＝5～7公分，與前中心平行畫至領圍線，此線條為前門襟貼邊線。

POINT | 貼邊線的寬度要超過翻領線2～3cm以上，否則翻領時會看到貼邊線。裁布時，前門襟貼邊布與前片連裁。

袖子

23 利用衣身上的袖襱線條來畫袖子，COPY前後片線條（如圖示）。前袖襱（FAH）＝22公分，後袖襱（BAH）＝23.5公分，袖長＝25公分。

24 後片A3往右畫延長線，前片A1往左畫延長線，衣身脇邊線往上畫延長線（做為袖中心線），三條線交會於S1和S2，S1～S2均分中心點（S3）。

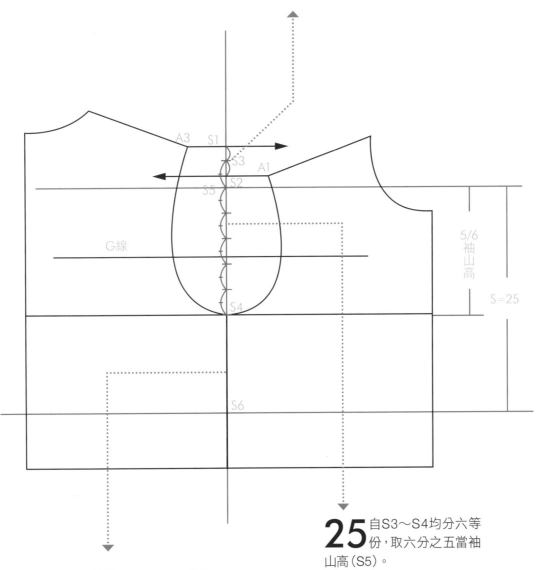

25 自S3～S4均分六等份，取六分之五當袖山高（S5）。

26 POINT 取袖長S5～S6＝25公分。S5～S6為袖長，S5～S4為袖山高，袖山高的高低會影響袖寬的大小，袖山高越高袖寬越窄，反之，袖山高越低，袖寬越寬。

上衣・打版製作

帽領背心

派內爾剪接洋裝

立領暗門襟上衣

國民領反折袖上衣

平領泡袖上衣

拉克蘭剪接洋裝

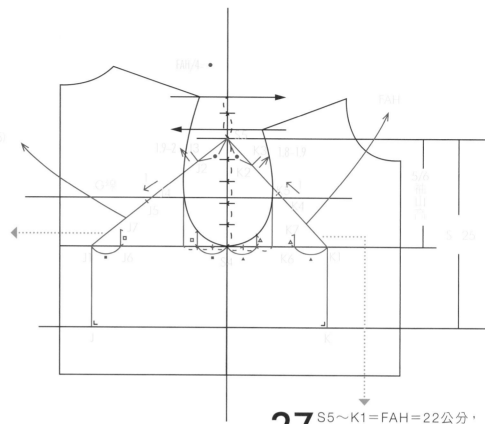

28 S5～J1＝BAH＋0～0.5＝23.5～24公分，S5～J2＝●，後袖山依序標出J2～J7，J1垂直袖寬線與袖口線交會（J）。
POINT｜K4～K5＝1公分，是由G線往上1公分，J4～J5＝1公分，是由G線往下1公分。

27 S5～K1＝FAH＝22公分，FAH/4＝●，S5～K2＝●，前袖山依序標出K2～K7，K1垂直袖寬線與袖口線交會（K）。
POINT｜此袖型合身度接近原型袖，可參考P148。

30 弧線連接S5→J3→J5→J7→J1。
POINT｜袖山最高點左右要呈水平，再修順袖山線，不能成尖角線條。

29 弧線連接S5→K3→K5→K7→K1。

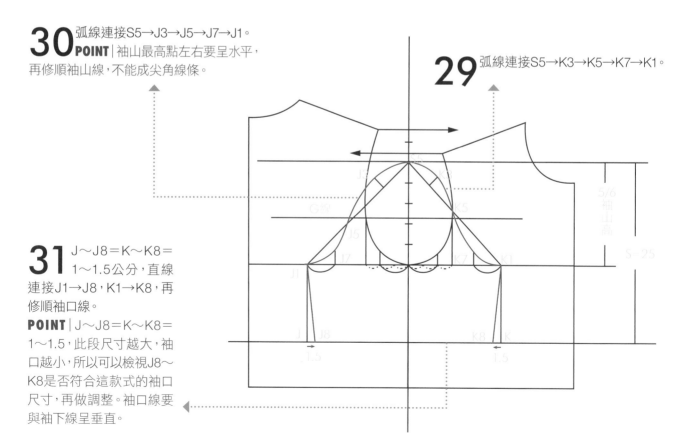

31 J～J8＝K～K8＝1～1.5公分，直線連接J1→J8，K1→K8，再修順袖口線。
POINT｜J～J8＝K～K8＝1～1.5，此段尺寸越大，袖口越小，所以可以檢視J8～K8是否符合這款式的袖口尺寸，再做調整。袖口線要與袖下線呈垂直。

33 自R1～R6依序畫出袖扣位置。

POINT | 袖扣寬度和長度可依設計決定尺寸。

34 依袖版上的袖扣描一份，在底部平行往下加長2公分，此為袖扣的裁片。

POINT | 底部平行往下加長2公分，此份量為袖扣車縫在袖口下襬縫份內的尺寸。

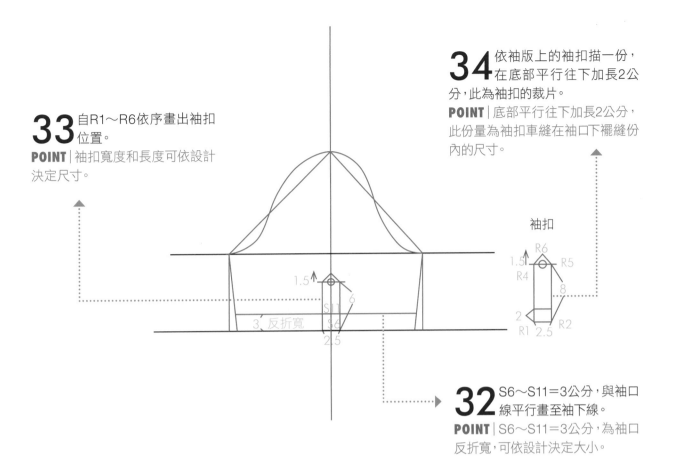

32 S6～S11＝3公分，與袖口線平行畫至袖下線。

POINT | S6～S11＝3公分，為袖口反折寬，可依設計決定大小。

修版

袖口留二倍反折寬，再留一倍反折寬當縫份，袖口反折後修順袖下線。

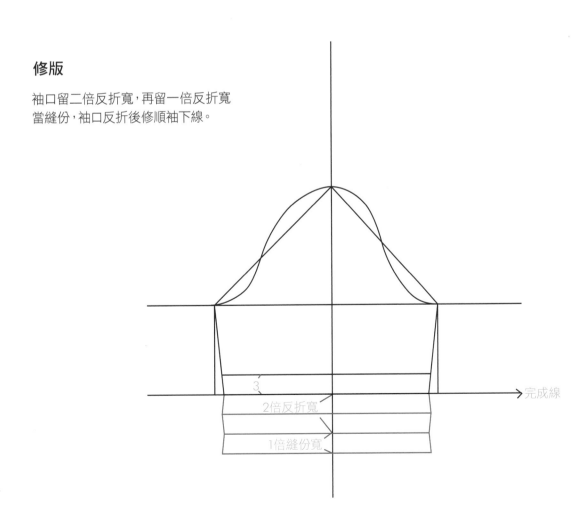

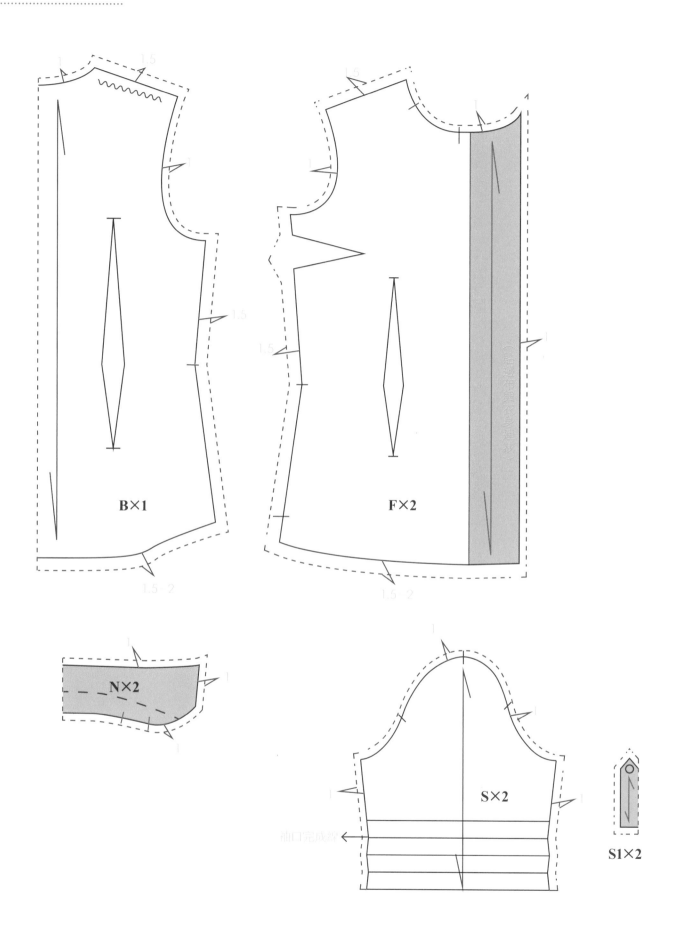

B×1

F×2

N×2

S×2

S1×2

縫製 sewing

材料說明

單幅用布：（衣長＋縫份）×2＋（袖長＋縫份）

雙幅用布：（衣長＋縫份）＋（袖長＋縫份）

布襯約1碼

釦子6顆

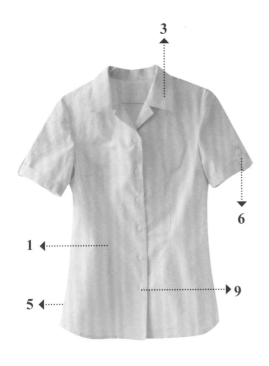

1. 車縫前後片褶子。
2. 前縫前後片肩線。
3. 車縫表裡領。
4. 接縫領子與前後片領圍線。
5. 車縫前後片脇邊線。
6. 車縫袖扣布。
7. 接縫袖子與前後片袖襱線。
8. 車縫前後片下襬。
9. 縫釦子、開釦眼。
10. 完成。

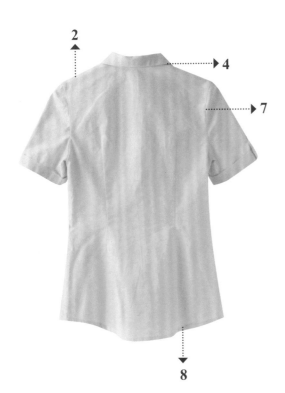

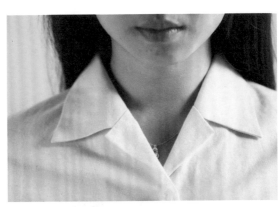

上衣・打版製作

帽領背心

派內爾剪接洋裝

立領暗門襟上衣

國民領反折袖上衣

平領泡袖上衣

拉克蘭剪接洋裝

圓泡袖上衣

Preview

基本尺寸

上衣原型版
背長－38 cm
胸圍－83 cm
腰圍－64 cm
腰長－18 cm
衣長－腰下28 cm
臀圍－90 cm
袖長－18 cm

版型重點

- 平領
- 前片塔克設計
- 泡袖（袖山抽細褶，
  袖口做箱褶）

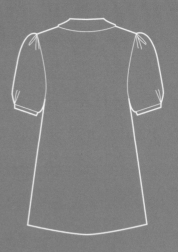

❶ 確認款式

平領泡袖上衣。

❷ 量身

原型版、衣長、腰長、臀圍、袖長。

❸ 打版

前片、後片、領子、袖子、袖口布、領子緄邊。

❹ 補正紙型

- 對合前後肩線，修順領口和袖襱。
- 對合脇邊，修順袖襱和下襬。
- 對合領子和前後衣身領圍。
- 對合袖子和袖襱尺寸。

❺ 整布

使經緯紗垂直，布面平整。

❻ 排版

布面折雙先排前後片，再排領子、袖子、袖口布和領子緄邊布。

❼ 裁布

前片×2、前片塔克×2、後片折雙×1、領子×2、領子緄邊布×1、袖子×2、袖口布×2。

❽ 做記號

於完成線上做記號或作線釘（肩線、袖襱線、脇邊線、領圍線、下襬線、領子、袖子、袖中心和前後中心打牙口）。

9 燙襯

前片貼邊布貼布襯、表領貼布襯（裡領也可貼布襯）、袖口布貼布襯。

❿ 拷克機縫

前後片脇邊線、肩線、前片貼邊線、袖下線。袖山與袖襱車縫後合拷。

版型製圖步驟

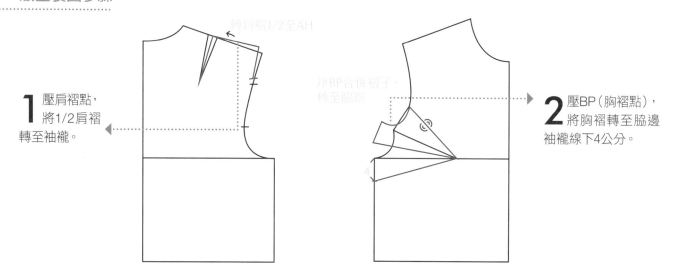

1 壓肩褶點，將1/2肩褶轉至袖襱。

2 壓BP（胸褶點），將胸褶轉至脇邊袖襱線下4公分。

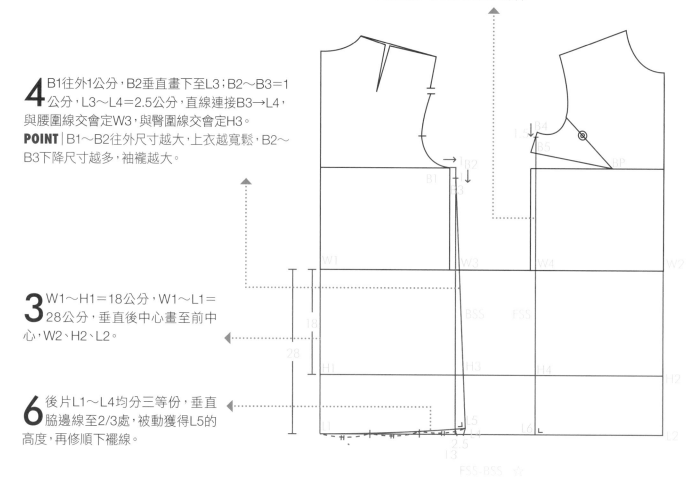

5 B4垂直畫下至下襱線L6，與腰圍線交會定W4，與臀圍線交會定H4。B4～B5=1.5公分。
POINT｜前片脇邊下襱沒有和後片一樣往外加出2.5公分，是因為前片會利用胸褶轉移下襱的方式增加下襱寬度，使前片產生A線條。

4 B1往外1公分，B2垂直畫下至L3；B2～B3=1公分，L3～L4=2.5公分，直線連接B3→L4，與腰圍線交會定W3，與臀圍線交會得H3。
POINT｜B1～B2往外尺寸越大，上衣越寬鬆，B2～B3下降尺寸越多，袖襱越大。

3 W1～H1=18公分，W1～L1=28公分，垂直後中心畫至前中心，W2、H2、L2。

6 後片L1～L4均分三等份，垂直脇邊線至2/3處，被動獲得L5的高度，再修順下襱線。

9 A1～A2＝1公分，弧線連接
A2→B5此段為前袖襱。
POINT｜此款泡泡袖將肩點往內縮，
減小肩寬尺寸。

10 取N3～A4＝N8～A2＝◎，弧
線連接A4→B3為後袖襱。
POINT｜對合前後肩線要同等長，注意
前後袖襱要與肩線和脇邊線垂直。

8 N5～N7＝2公分，
N6～N8＝1.5公分，
弧線連接N8→N7。
POINT｜前領口線條要與
肩線、前中心垂直。

7 N2～N3＝1.5
公分，N1～
N4＝1公分，弧線
連接N3→N4。
POINT｜後領口線
條要與肩線、後中
心垂直。

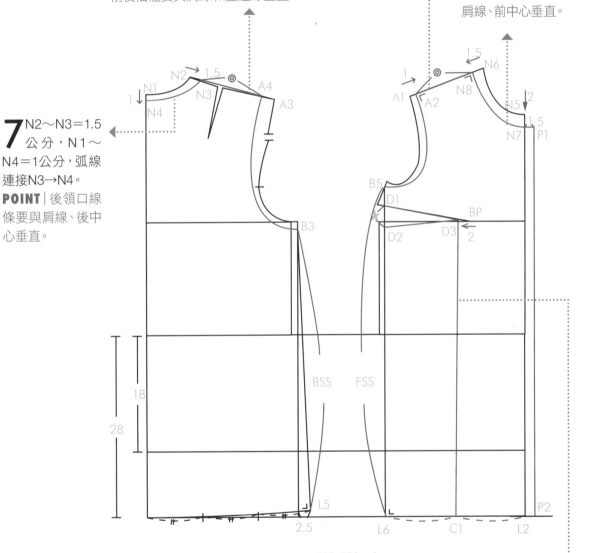

FSS－BSS＝☆

11 D1～D2＝★公分，BP～D3＝2公分，直
線連接D3→D1，D3→D2。L2～L6均分
二等份，直線連接D3→C1。
POINT｜B3～L5＝BSS（後脇邊），B5～L6＝
FSS（前脇邊），FSS－BSS＝★，此為胸褶寬。
D3→C1的直線切展，即將胸褶轉移至下襬。

14 N7〜C2＝2.5〜3公分，往左間隔2公分，平行畫出C3〜C6，每條線標記切展1公分。

POINT | C2〜C6為塔克剪接線位置，切展的1公分，即塔克壓線完成寬0.5公分，可依設計款式決定位置和壓線寬度。

13 N8〜Y1＝4公分，前中心胸圍線往下2公分（Y2），Y2〜Y3＝8公分，直線連接Y1→Y3、Y3→Y2；Y3〜Y4＝1.5〜2公分，弧線連接Y1→Y4→Y2。

POINT | 此線條為襠布剪接線，可依設計款式決定位置大小和線條。

12 N7〜M1＝1.5公分，垂直畫至下襬線，此段為持出份；M2〜M3＝3公分，垂直畫至M4（此線段為門襟貼邊布）。

15 釦距：在中心線下N7〜Z1＝1.5公分，W2〜Z2＝4公分，Z1〜Z2均分4等份，有三顆釦子，Z2再往下二等份，共七顆釦子。

POINT | 此款式為七顆釦子設計，亦可再往下多縫一顆，共八顆釦子。

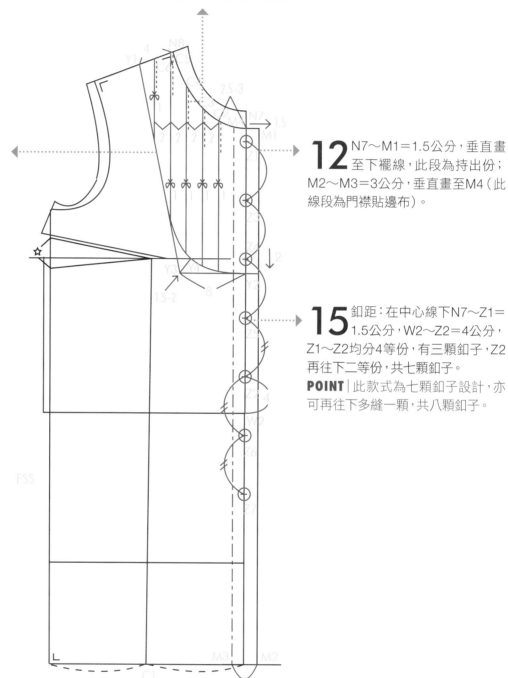

領子

上衣・打版製作

帽領背心

派內爾剪接洋裝

立領暗門襟上衣

國民領反折袖上衣

平領泡袖上衣

拉克蘭剪接洋裝

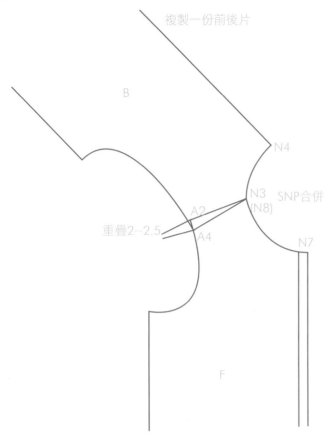

複製一份前後片

16 將前後片領圍（N3和N8）合併，描繪領圍線和前後中心線；前後肩線（A2和A4）重疊2～2.5公分，畫出袖襱線。如圖描繪各線條。

POINT｜前後片領圍（N3和N8）確實合併，不能重疊或分開，會影響領子和衣身領圍的接合尺寸。前後肩線（A2和A4）重疊份2～2.5公分，會因設計、布料厚度而需調整重疊尺寸。

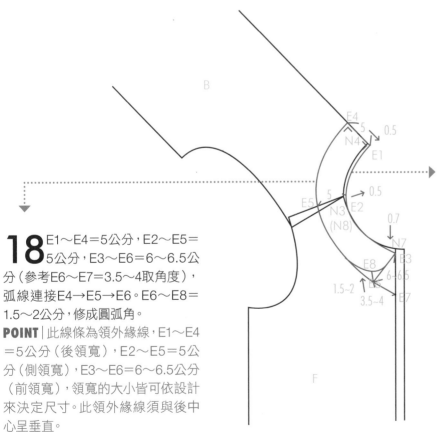

17 N4～E1=0.5公分，（N3、N8）～E2=0.5公分，N7～E3=0.7公分，弧線連接E1→E2→E3。

POINT｜此線條為領圍線，須與後中心呈垂直。

18 E1～E4=5公分，E2～E5=5公分，E3～E6=6～6.5公分（參考E6～E7=3.5～4取角度），弧線連接E4→E5→E6。E6～E8=1.5～2公分，修成圓弧角。

POINT｜此線條為領外緣線，E1～E4=5公分（後領寬）、E2～E5=5公分（側領寬）、E3～E6=6～6.5公分（前領寬），領寬的大小皆可依設計來決定尺寸。此領外緣線須與後中心呈垂直。

袖子

量取前後衣身上的袖襱尺寸，前袖襱（FAH），後袖襱（BAH）。

19 S1～S2＝18公分，S1～S3＝14.5公分，自S3和S2畫出二條垂直袖中心的水平線。

POINT｜S1～S2為袖長，S1～S3為袖山高，袖山高的高低會影響袖寬的大小，因為此款袖山有細褶份，所以袖山高可以提高一點。

20 S1～S4＝FAH，S1～S5＝BAH＋0.5，由S4和S5垂直畫下定S6、S7。

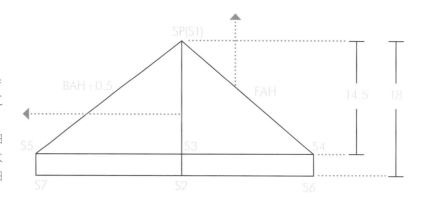

21 S1～S4均分四等份，一等份為○，為M1、M2、M3。M1～M4＝1.8、M2～M5＝1、M3～M6＝1.3，弧線連接S1→M4→M5→M6→S4。

22 S1～M7＝S5～M9＝0，M7～M8＝1.9，弧線連接S1→M8→M9→S5。

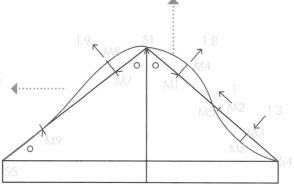

23 S1～S2左右5公分平行畫出三條切展線，K2在袖山打開1公分，S1在袖山打開3公分，K4在袖山打開1.5公分。

POINT｜袖山切展的份量是細褶份，打開尺寸越大，細褶份越多，袖子越蓬，後袖蓬份比前片多些。

袖口布

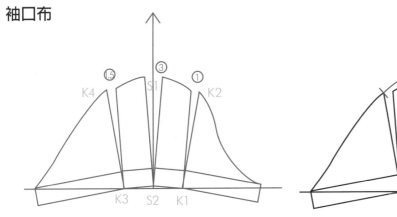

上衣・打版製作

帽領背心

派內爾剪接洋裝

立領暗門襟上衣

國民領反折袖上衣

平領泡袖上衣

拉克蘭剪接洋裝

25 在S1上方提高泡份量1.5公分，弧度修順袖山線條；並修順袖口線條。

24 切展三條線，S2、K1和K3不打開，只有袖山切開所需尺寸。

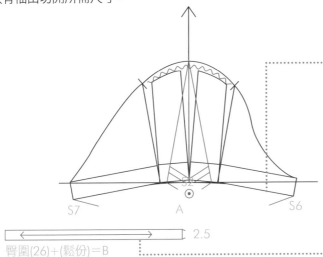

26 袖口布寬2.5公分，長為（臂圍＋鬆份）＝26＋（2～4）＝28～30公分。

POINT｜袖口布寬可依設計決定寬度，但袖口布長要依據個人的臂圍和需要的鬆份來決定。

27 S6～S7＝A，袖口布長為B，A－B＝箱褶份（◎），在S2左右取箱褶寬（◎），畫箱褶記號至袖山。

修版

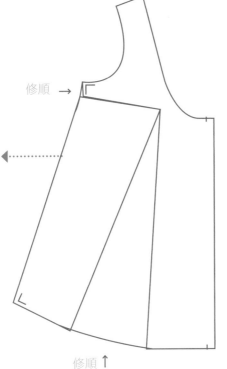

29 D3～C1直線切開，脇邊D1～D2折疊修順，下襬與前中心線和脇邊垂直修順。

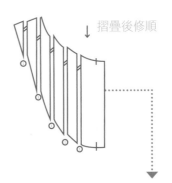

28 塔克剪接線剪開，打開所需份量，再折疊修順。

POINT｜塔克紙型也可不展開，先在布上壓褶，再將原紙型放上去裁布。（參考部份縫P50）

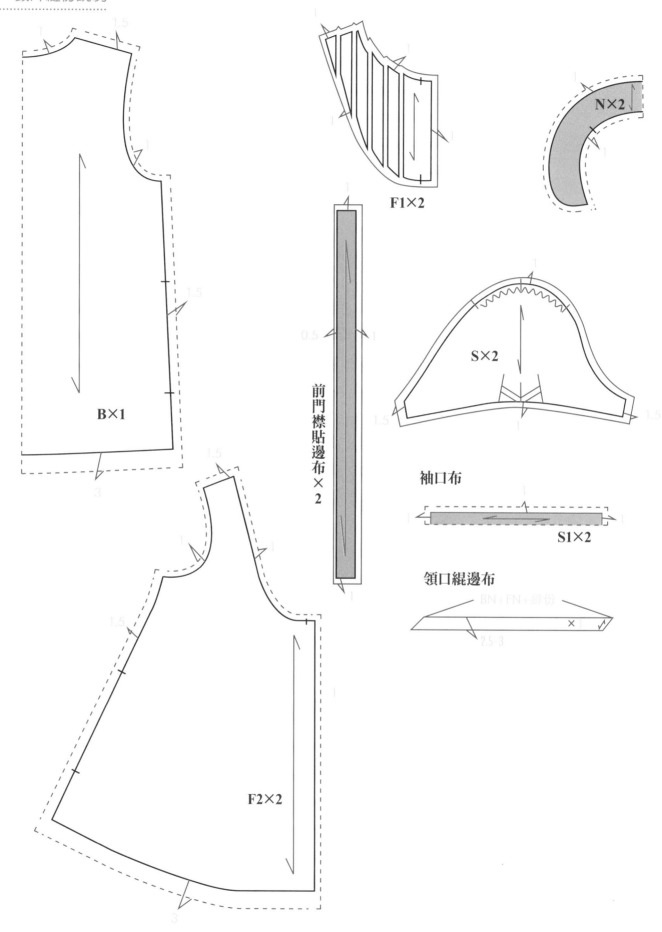

B×1

F1×2

N×2

前門襟貼邊布×2

S×2

袖口布

S1×2

領口緄邊布

BN+FN+縫份

2.5-3

F2×2

上衣・打版製作

帽領背心

派內爾剪接洋裝

立領暗門襟上衣

國民領反折袖上衣

平領泡袖上衣

拉克蘭剪接洋裝

縫製 sewing

材料說明
單幅用布：(衣長＋縫份)×2＋(袖長＋縫份)

雙幅用布：(衣長＋縫份)＋(袖長＋縫份)

布襯約1碼

釦子7顆

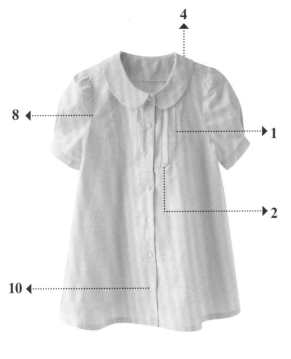

1. 車縫塔克。
2. 接縫前片和塔克。
3. 車縫前後片肩線。
4. 車縫領子。
5. 接縫領子與衣身領圍線。
6. 車縫前後片脇邊。
7. 車縫袖子袖口布。
8. 接縫袖子與前後袖襱線。
9. 下襬車縫。
10. 開釦眼／縫釦子。
11. 完成。

拉克蘭剪接洋裝

Preview

基本尺寸

上衣原型版
背長－38 cm
腰圍－83 cm
臀圍－64 cm
腰長－18 cm
腰下衣長－40 cm

版型重點

- 拉克蘭剪接
- 袖口和領圍鬆緊帶設計

❶ 確認款式
拉克蘭剪接洋裝。

❷ 量身
原型版、衣長、腰長、袖長。

❸ 打版
前片、後片、袖子、領口鬆緊帶緄邊布。

❹ 補正紙型
- 前後肩線合併，展開鬆緊帶份量，修順領口和袖口線。
- 對合袖子袖下線，修順袖襬和下襬。
- 對合前後衣身脇邊線，修順袖襬和下襬。
- 對合袖子和衣身剪接線。

❺ 整布
使經緯紗垂直，布面平整。

❻ 排版
布面折雙先排前後片，再排袖子和領口緄邊布。

❼ 裁布
前片折雙×1、後片折雙×1、袖子×2、領口緄邊布×1。

❽ 做記號
於完成線上做記號或作線釘（肩線、袖襬線、脇邊線、領圍線、下襬線、袖子、袖中心和前後中心打牙口、拉克蘭剪接做對合記號）。

❾ 燙襯
此款式不用貼襯。

❿ 拷克機縫
前後片脇邊線、前後片和袖子車縫剪接線後再合拷、袖下線。

版型製圖步驟

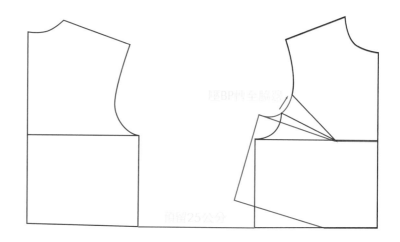

1 壓BP（胸褶點），將胸褶轉至脇邊腰線。

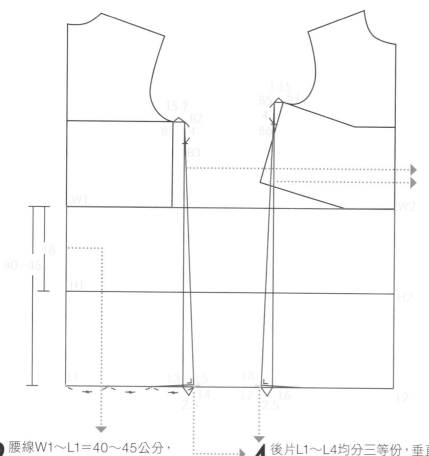

3 B1〜B2＝1.5〜2公分，B2垂直畫下至L3；L3〜L4＝2.5公分，B2〜B3＝4公分，連接B3→L4。前片同後片畫法（B4〜B5＝1〜1.5公分）。

POINT｜B1〜B2、B4〜B5往外尺寸越大，衣服越寬鬆；L3〜L4、L6〜L7往外尺寸越大，下襬越寬，下襬寬度的大小也會影響臀圍的寬鬆份。

2 腰線W1〜L1＝40〜45公分，腰長W1〜H1＝18公分，垂直後中心畫至前中心，W2、H2、L2。

POINT｜W1〜L1＝40〜45公分，可依個人設計增減衣身長度，短版當上衣，長版當洋裝。

4 後片L1〜L4均分三等份，垂直脇邊線至下襬2/3處，再修順下襬，被動提高尺寸L4〜L5＝△；取B3〜L5＝B6〜L8（後脇邊＝前脇邊），垂直脇邊線畫至下襬再修順。

上衣・打版製作

帽領背心

派內爾剪接洋裝

立領暗門襟上衣

國民領反折袖上衣

平領泡袖上衣

拉克蘭剪接洋裝

5 N1～N3＝3.5公分，N2～N4＝5公分，弧線連接N3→N4。N3～N5＝4公分，垂直畫至下襬線。

POINT | 領口線條要與肩線、後中心垂直，N3→N4此段為決定領口大小，可依個人設計而變動。N3～N5此份量為增加領口鬆緊帶產生的皺褶份量，亦會增加衣身的寬鬆度，依個人設計而變動。

7 由N9→A3（前肩）＝N4→A2（後肩）＝☆，前後肩線同等寬度。

8 N4→A2＝☆

6 N6～N8＝6公分，N7～N9＝5公分，垂直肩線和前中心線，交會於N10，N10～N11＝2公分，弧線連接N9→N11→N8。

POINT | 領口線條要與肩線、前中心垂直。

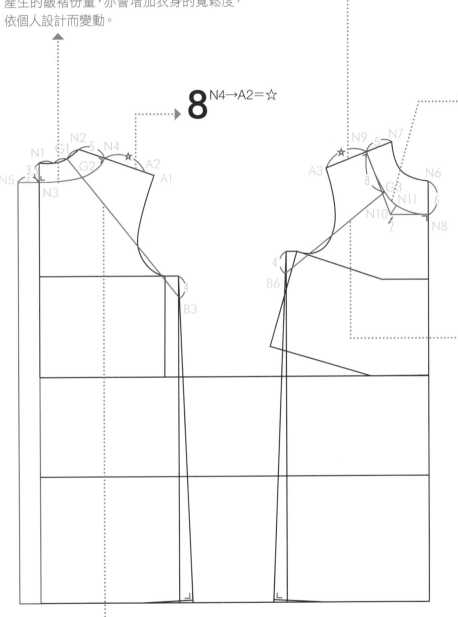

10 N9～G3＝8公分，連接G3→B6。

POINT | 步驟9和10為前後二條拉克蘭線的基礎線，設計線的高低可依款式而調整。

9 N1～N2均分三等份，連接G1→B3，與領圍線交會點G2。

11 G2～B3均分四等份，
G4～G7＝0.8～1公分，
G6～G8＝0.8～1公分，弧線連接
G2→G7→G5→G8→B3。

POINT│以上參考點尺寸皆可變動，
拉克蘭線條的弧度可大可小，依設
計而改變。

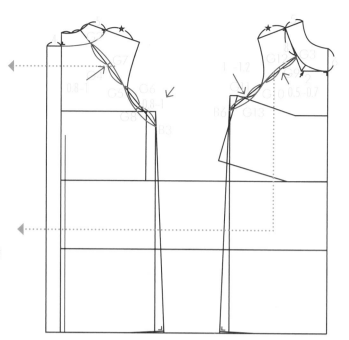

12 G3～B6均分四等份，
G9～G12＝0.5～0.7公分，
G11～G13＝1～1.2公分，弧線連接
G3→G12→G10→G13→B6。

13 順著肩線取直線A2～S1＝20公分，S1
垂直下降4公分，連接A1→S2。

POINT│A2～S1是袖長，可依設計調整長度，此
款為短泡袖。S1～S2下降的尺寸越多，袖子的活
動量越小，此時袖山高亦要提高。

18 取垂直線S8～S11＝
18公分，弧線連接
S10→S11。

POINT│S4～S5＝S10→S11＝
△，對合前後袖下線是否等長。

16 順著肩線取直
線A3～S6＝20
公分，A3～S7＝2公分，
S6垂直下降4公分，連
接S7→S8。

14 A2～S3＝10公分，畫一
段垂直延長線，取G4～
B3＝G4～S4的反方向弧線，剛好
落在袖寬線上S4。

POINT│A2～S3＝10公分，此段
為袖子袖山高，袖山高越低，活動
量較大。

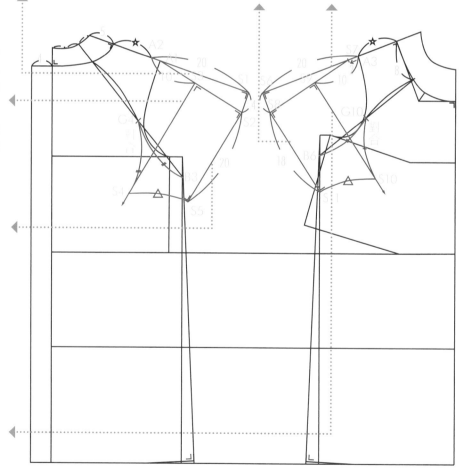

15 取垂直線S2～S5＝20公
分，弧線連接S4→S5。

POINT│S2～S5是後袖寬，此款
式是泡袖，所以有加入鬆緊帶份
量，可以依照設計而增減尺寸。注
意袖下線要與袖口成垂直。

17 A3～S9＝10公分，畫一
段垂直延長線，取G10～
B6＝G10～S10的反方向弧線，
剛好落在袖寬線上S10。

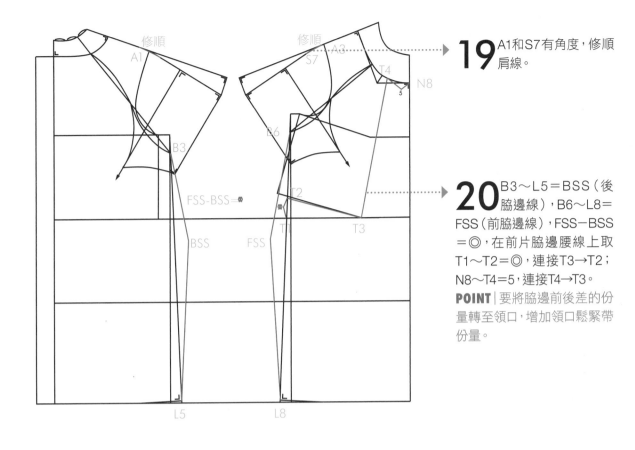

19 A1和S7有角度，修順肩線。

20 B3～L5＝BSS（後脇邊線），B6～L8＝FSS（前脇邊線），FSS－BSS＝◎，在前片脇邊腰線上取T1～T2＝◎，連接T3→T2；N8～T4＝5，連接T4→T3。

POINT | 要將脇邊前後差的份量轉至領口，增加領口鬆緊帶份量。

修版

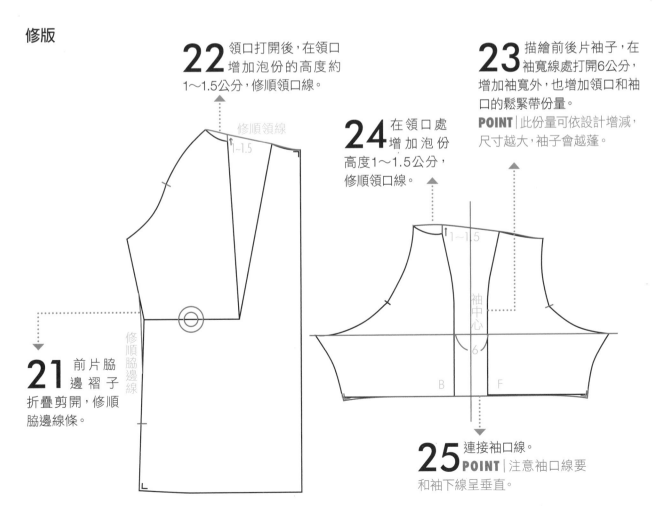

21 前片脇邊褶子折疊剪開，修順脇邊線條。

22 領口打開後，在領口增加泡份的高度約1～1.5公分，修順領口線。

23 描繪前後片袖子，在袖寬線處打開6公分，增加袖寬外，也增加領口和袖口的鬆緊帶份量。

POINT | 此份量可依設計增減，尺寸越大，袖子會越蓬。

24 在領口處增加泡份高度1～1.5公分，修順領口線。

25 連接袖口線。**POINT** | 注意袖口線要和袖下線呈垂直。

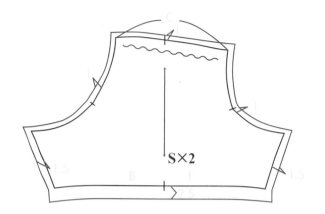

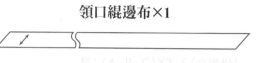

領口緄邊布×1

長：（A－B＋C）X2＋5（含縫份）
寬：2.5～3（鬆緊帶寬1cm＋縫份）

S×2

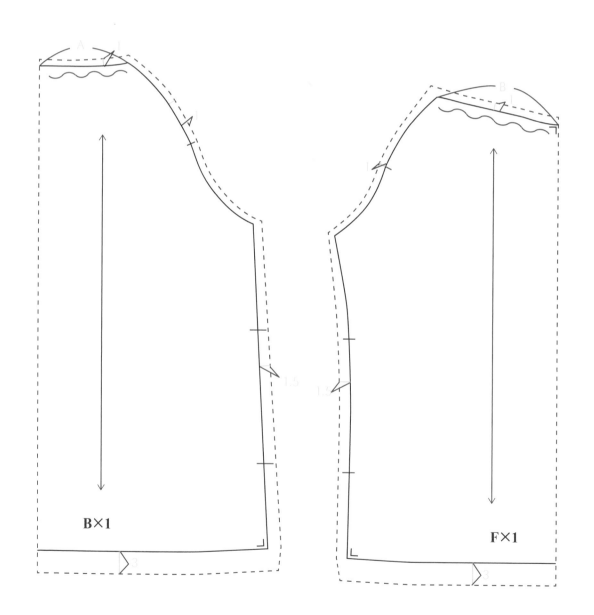

B×1

F×1

縫製 sewing

材料說明

單幅用布：（衣長＋縫份）×2 ＋（袖長＋縫分）

雙幅用布：（衣長＋縫份）＋（袖長＋縫分）

鬆緊帶約2碼

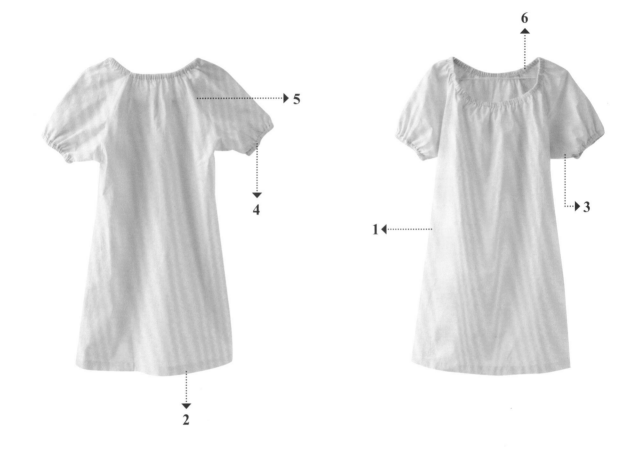

1. 車縫前後片衣身脇邊，縫份燙開。
2. 車縫前後片衣身下襬，二褶三層車縫。
3. 車縫左右袖子袖下線，縫份燙開。
4. 車縫袖口鬆緊帶。
5. 左右袖子接縫前後片衣身，縫份合拷。
6. 領口車縫鬆緊帶。
7. 完成。

上衣・打版製作

帽領背心

派內爾剪接洋裝

立領暗門襟上衣

國民領反折袖上衣

平領泡袖上衣

拉克蘭剪接洋裝

新式成人男子原型上衣（參考日本文化成人男子原型）

基於男生和女生在體型上的不同，所以男生和女生的原型版也不同。

成人男子原型上衣版型較舊式襯衫原型版合身，也有適當的褶子參考位置，所以很適合作為上衣版型設計的基礎！

因男子服裝的左衣身在上面（左蓋右），為方便繪製設計線，均以左半身為基礎。（但因各國打版習慣不同，也有男子版型打右半身的。）

男子上衣原型

基本尺寸(cm)

背長(BL)—43cm

胸圍(C)—92cm

腰圍—79cm

4 由後中心B1~B3取背寬(C/6)＋5.8＝21.1公分，垂直CL往上畫出背寬線。

由前中心B2~B4取胸寬(C/6)＋2.9＝18.2公分，垂直BL往上畫出胸寬線。

1 後中心A～W1取背長43公分，A點往下A1取0.5，再由A1~B1取(C/6)＋8＝23.3公分，畫水平線為胸圍線CL。

原型的製圖

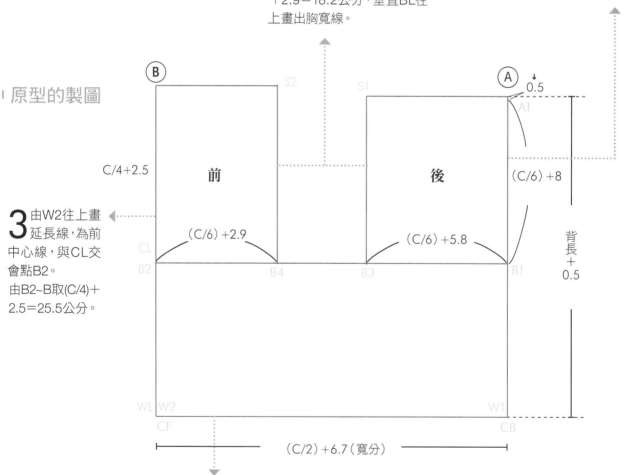

3 由W2往上畫延長線，為前中心線，與CL交會點B2。

由B2~B取(C/4)＋2.5＝25.5公分。

2 W1~W2取寬度(C/2)＋6.7＝52.7公分。

POINT | (C/2)＋6.7，＋6.7為半身衣服的寬鬆份，所以原型衣在未打褶子的狀況下，一整圈的胸圍寬鬆份是13.4公分。（日後打版以此為依據，將尺寸增減即可打版出適合各款式的寬鬆度。）

4 在CL將胸寬 (B2~B4)均分二等份，B7再往右0.7公分，B8即胸尖點。

2 自E2~B3均分三等份定G1和G2，B4往右0.7定B5，B5垂直胸圍線往上畫，G1垂直背寬線往左畫，二條線相交會定G3。
POINT | G3是前片胸褶的參考位置。

1 自A~B1均分二等份，再由E1垂直後中心畫至背寬線E2。E1~E2均分二等分，自E3往右0.5定E點。
POINT | E點即為後肩褶尖點的位置。

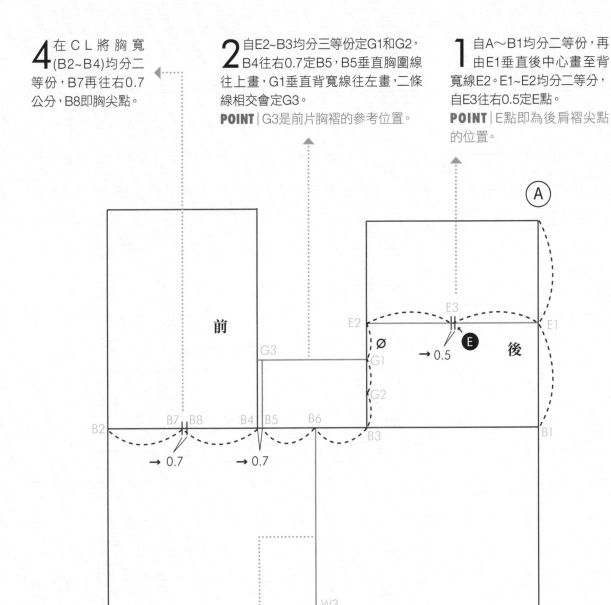

前

後

G3

G1

G2

E2 Ø E3 → 0.5 Ⓔ E1

B2 B7 B8 B4 B5 B6 B3 B1

→ 0.7 → 0.7

W2 W3 W1

3 自B3~B5均分二等分定B6，垂直胸圍線往下畫至腰圍線(W3)

附錄

1 自B~N1取(C/16)＋1.9＝7.7(◎)，
B~N2取◎＋0.5＝8.2公分，取垂
直線交會於N3。
POINT｜(B/16)＋1.9＝7.7(◎)，此寬度
為前領寬；B~N2取◎＋0.5＝8.2，此
深度為前領深。

3 A~N5＝◎＋0.3＝8公分（後領
寬），均分三等份，一等份為 ●；
N5~N7＝●−0.3（後領深），弧線連接
N7→N6垂直後中心。
POINT｜因為脖子向前傾，故後領寬比
前領寬大，前領深比後領深長。

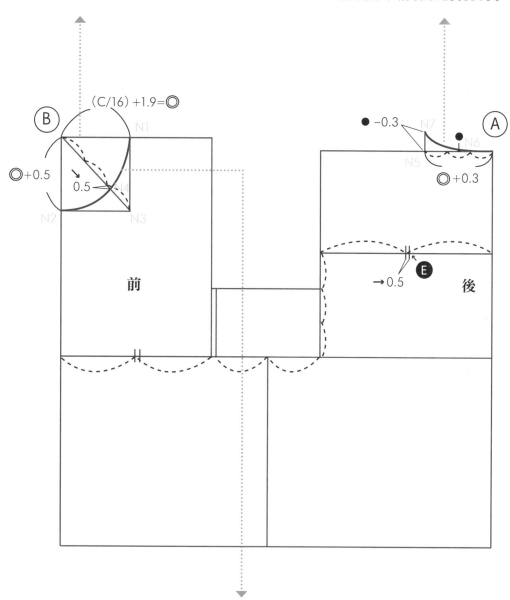

2 自Ⓑ～N3均分三等份，在
2/3等份處往下0.5cm定
N4，弧線連接N1→N4→N2，
即為前領圍線。

1 N1取水平線10公分至Z1，Z1~Z2＝4.05公分，直線連接N1→Z2延
長取至胸寬線外。
N1~S2均分四等分，一等份＝○，於胸寬線上和前肩延長線處取
Z3~Z4＝○＋0.5，得前肩寬為N1~Z4＝✿

POINT｜N1~Z4為前肩寬，前肩的斜度約22度，所以取N1~Z1＝10，
Z1~Z2＝4.05。

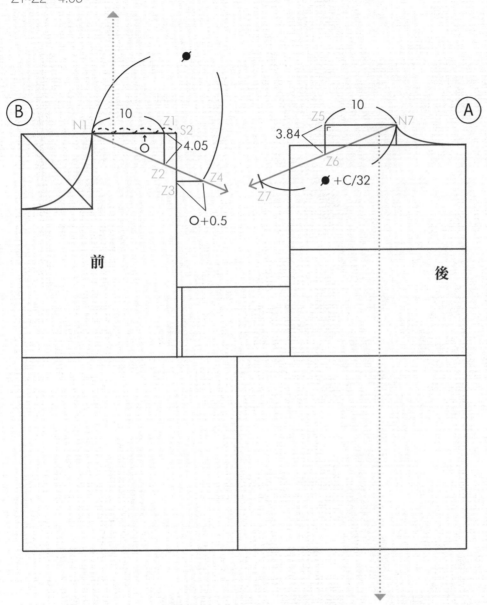

2 N7取水平線10公分至Z5，Z5~Z6＝3.84公分，直線連接N7→Z6延
長取✿＋(C/32＝2.9)公分至Z7。

POINT｜

(1) N7~Z7為後肩寬，因為後背有肩胛骨，故後肩線以前肩寬(✿)＋（肩
褶B/32＝2.9）做為後肩寬的縮份或肩褶份，使後背增加立體感。

(2) 前肩的斜度約21度，所以取N7~Z5＝10，Z5~Z6＝3.84，為肩的斜
度。斜肩體型斜度大，平肩體型斜度小，可以此做補正。

(3) 基於男女生體型不同，後片肩褶男生肩褶寬大於女生。

2 取B8~B9＝∅−1，直線連接G3→B9，取
B9~G6＝B9~G3長度等長，G6剛好在
胸寬線上。弧線連接Z4→G6。

POINT│扣除胸褶後，Z4→G6，G3→G5→B6
為前袖襱(FAH)。前後袖襱線須與肩線成垂
直，袖襱下方成U型。

3 取E點垂直延長線，交會於肩線
E4，E4~E5＝C/32=2.9公分（肩
褶寬），E~E6=1.5，直線連接E4~E6，
E5~E6。

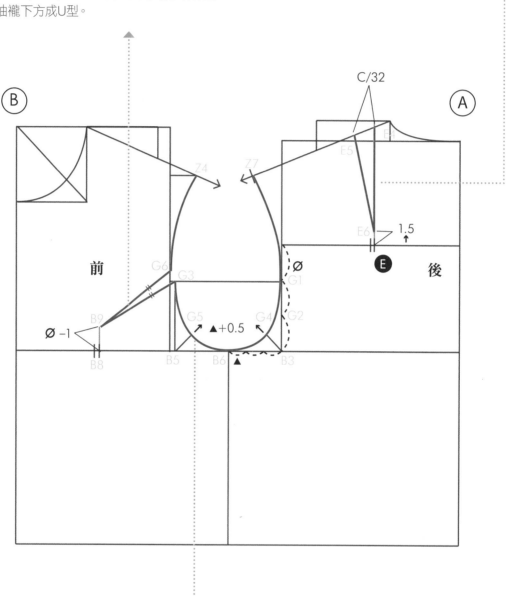

1 B3～B6均分三等份，一等份
為▲，由B3~G4和B5~G5斜45
度往上取▲＋0.5公分。弧線連接
Z7→G1→G4→B6→G5→G3。

POINT│Z7→G1→G4→B6為後袖襱
(BAH)。

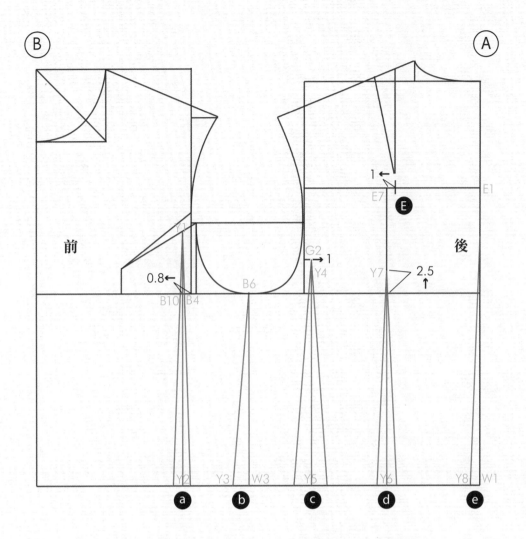

根據衣身寬和腰圍尺寸，計算出褶份大小（請參考圖）

總褶量：衣身寬減(W/2)＋3＝52.7－[(79/2)＋3]＝10.2，參考表格總褶量10取褶寬。

a褶－在B4往左B10取0.8公分，往上畫至胸褶線Y1往下畫至腰線Y2，左右取a褶寬 (1.60)，直線連接至褶尖點Y1，。

b褶－在脇邊線W3點往左Y3取c褶寬(1.60)，直線連接至褶尖點B6。

c褶－在G2右Y4取1公分，直線往下畫至Y5，左右取C褶寬(3.60)，直線連接至Y4。

d褶－在E點往左E7取1公分，垂直往下畫至腰圍線Y6。胸圍線往上取2.5公分Y7，在Y6 左右取d褶寬(2.40)，直線連接至Y7。

e褶－在W1往左Y8取e褶寬(0.80)，直線連接E1~Y8。

POINT｜胸圍和腰圍尺寸相差越多，其腰間褶份尺寸會越大；反之，胸圍和腰圍尺寸相差越少，其腰間褶份尺寸會越小。一般男生腰曲線較女生不明顯，所以褶寬比女生小。

（單位：公分）

胸圍	衣寬(1/2)	A1~CL	CL~B	背寬線	胸寬線	前領寬	前領深	後領寬	後肩褶
c	(c/2)+6.7	(c/6)+8	(c/4)+2.5	(C/6)+5.8	(C/6)+2.9	(C/16)+1.9(◎)	◎+0.5	◎+0.3	C/32
78	45.7	21.0	22	18.8	15.9	6.8	7.3	7.1	2.4
79	46.2	21.1	22.3	18.9	16	6.9	7.4	7.1	2.5
80	46.7	21.3	22.5	19.1	16.2	6.9	7.4	7.2	2.5
81	47.2	21.5	22.7	19.3	16.4	7.0	7.4	7.2	2.5
82	47.7	21.7	23.0	19.5	16.6	7.0	7.5	7.3	2.6
83	48.2	21.9	23.3	19.7	16.7	7.1	7.6	7.4	2.6
84	48.7	22.0	23.5	19.8	16.9	7.2	7.7	7.5	2.6
85	49.2	22.1	23.7	19.9	17	7.2	7.7	7.5	2.7
86	49.7	22.3	24.0	20.1	17.2	7.3	7.8	7.6	2.7
87	50.2	22.5	24.3	20.3	17.4	7.3	7.8	7.6	2.7
88	50.7	22.7	24.5	20.5	17.6	7.4	7.9	7.7	2.8
89	51.2	22.9	24.7	20.7	17.7	7.4	7.9	7.7	2.8
90	51.7	23	25.0	20.8	17.9	7.5	8.0	7.8	2.8
91	52.2	23.1	25.3	20.9	18	7.6	8.1	7.9	2.8
92	52.7	23.3	25.5	21.1	18.2	7.7	8.2	8.0	2.9
93	53.2	23.5	25.7	21.3	18.4	7.7	8.2	8.0	2.9
94	53.7	23.7	26.0	21.5	18.6	7.8	8.3	8.1	2.9
95	54.2	23.9	26.3	21.7	18.7	7.8	8.3	8.1	2.9
96	54.7	24.0	26.5	21.8	18.9	7.9	8.4	8.2	3.0
97	55.2	24.1	26.7	21.9	19	8.0	8.4	8.2	3.0
98	55.7	24.3	27.0	22.1	19.2	8.0	8.5	8.3	3.1
99	56.2	24.5	27.3	22.3	19.4	8.1	8.6	8.4	3.1
100	56.7	24.7	27.5	22.5	19.6	8.2	8.7	8.5	3.1
101	57.2	24.9	27.7	22.7	19.7	8.2	8.7	8.5	3.1
102	57.7	25.0	28.0	22.8	19.9	8.3	8.8	8.6	3.2
103	58.2	25.1	28.3	22.9	20	8.3	8.8	8.6	3.2
104	58.7	25.3	28.5	23.1	20.2	8.4	8.9	8.7	3.3
105	59.2	25.7	28.7	23.3	20.4	8.4	8.9	8.7	3.3
106	59.7	25.9	29.0	23.5	20.6	8.5	9.0	8.8	3.3

腰圍褶子尺寸對照表

總褶量=原型衣身寬(W1~W2)−〔(W/2)+3〕

總褶量	a褶	b褶	c褶	d褶	e褶
100%	16%	16%	36%	24%	8%
4	0.64	0.64	1.44	0.96	0.32
5	0.80	0.80	1.80	1.20	0.40
6	0.96	0.96	2.16	1.44	0.48
7	1.12	1.12	2.52	1.68	0.56
8	1.28	1.28	2.88	1.92	0.64
9	1.44	1.44	3.24	2.16	0.72
10	1.60	1.60	3.60	2.40	0.80
11	1.76	1.76	3.96	2.64	0.88
12	1.92	1.92	4.32	2.88	0.96
13	2.08	2.08	4.68	3.12	1.04
14	2.24	2.24	5.04	3.36	1.12
15	2.40	2.40	5.40	3.60	1.20

附錄

服裝製作
基礎事典 2

2023暢銷增訂

作者	鄭淑玲		發行人	何飛鵬
美術設計	瑞比特設計、黃祺芸		事業群總經理	李淑霞
封面設計	黃祺芸		出版	城邦文化事業股份有限公司 麥浩斯出版
攝影	王正毅		地址	104台北市民生東路二段141號8樓
			電話	02-2500-7578
社長	張淑貞		傳真	02-2500-1915
總編輯	許貝羚		購書專線	0800-020-299
特約編輯	王韻玲			
行銷企劃	洪雅珊、呂玠蓉		發行	英屬蓋曼群島商家庭傳媒股份有限公司城邦分公司

發行　英屬蓋曼群島商家庭傳媒股份有限公司城邦分公司
地址　104台北市民生東路二段141號2樓
電話　02-2500-0888
讀者服務電話　0800-020-299（9:30AM~12:00PM；01:30PM~05:00PM）
讀者服務傳真　02-2517-0999
讀者服務信箱　csc@cite.com.tw
劃撥帳號　19833516
戶名　英屬蓋曼群島商家庭傳媒股份有限公司城邦分公司

香港發行　城邦〈香港〉出版集團有限公司
地址　香港灣仔駱克道193號東超商業中心1樓
電話　852-2508-6231
傳真　852-2578-9337
Email　hkcite@biznetvigator.com

馬新發行　城邦（馬新）出版集團 Cite (M) Sdn Bhd
地址　41, Jalan Radin Anum, Bandar Baru Sri Petaling,
　　　57000 Kuala Lumpur, Malaysia.
電話　603-9056-3833
傳真　603-9057-6622
Email　services@cite.my

製版印刷　凱林印刷事業股份有限公司
總經銷　聯合發行股份有限公司
地址　新北市新店區寶橋路235巷6弄6號2樓
電話　02-2917-8022
傳真　02-2915-6275

版次　二版一刷 2023 年 3 月
定價　新台幣 620 元／港幣 207 元

國家圖書館出版品預行編目(CIP)資料

服裝製作基礎事典2 ／鄭淑玲著. -- 二版. --
臺北市：城邦文化事業股份有限公司麥浩斯
出版：英屬蓋曼群島商家庭傳媒股份有限公
司城邦分公司發行, 2023.03
　面；　公分
ISBN 978-986-408-905-5(平裝)

1.CST: 服裝設計 2.CST: 縫紉

423.2　　112002193